Matthias Brunnermeier

Bestimmung des Todeszeitpunkts von Elefanten

Matthias Brunnermeier

Bestimmung des Todeszeitpunkts von Elefanten

durch die Bestimmung von C-14 und Th-228/Th-232 in Elfenbein

Südwestdeutscher Verlag für Hochschulschriften

Impressum / Imprint

Bibliografische Information der Deutschen Nationalbibliothek: Die Deutsche Nationalbibliothek verzeichnet diese Publikation in der Deutschen Nationalbibliografie; detaillierte bibliografische Daten sind im Internet über http://dnb.d-nb.de abrufbar.

Alle in diesem Buch genannten Marken und Produktnamen unterliegen warenzeichen-, marken- oder patentrechtlichem Schutz bzw. sind Warenzeichen oder eingetragene Warenzeichen der jeweiligen Inhaber. Die Wiedergabe von Marken, Produktnamen, Gebrauchsnamen, Handelsnamen, Warenbezeichnungen u.s.w. in diesem Werk berechtigt auch ohne besondere Kennzeichnung nicht zu der Annahme, dass solche Namen im Sinne der Warenzeichen- und Markenschutzgesetzgebung als frei zu betrachten wären und daher von jedermann benutzt werden dürften.

Bibliographic information published by the Deutsche Nationalbibliothek: The Deutsche Nationalbibliothek lists this publication in the Deutsche Nationalbibliografie; detailed bibliographic data are available in the Internet at http://dnb.d-nb.de.

Any brand names and product names mentioned in this book are subject to trademark, brand or patent protection and are trademarks or registered trademarks of their respective holders. The use of brand names, product names, common names, trade names, product descriptions etc. even without a particular marking in this works is in no way to be construed to mean that such names may be regarded as unrestricted in respect of trademark and brand protection legislation and could thus be used by anyone.

Coverbild / Cover image: www.ingimage.com

Verlag / Publisher:
Südwestdeutscher Verlag für Hochschulschriften
ist ein Imprint der / is a trademark of
AV Akademikerverlag GmbH & Co. KG
Heinrich-Böcking-Str. 6-8, 66121 Saarbrücken, Deutschland / Germany
Email: info@svh-verlag.de

Herstellung: siehe letzte Seite /
Printed at: see last page
ISBN: 978-3-8381-3326-3

Zugl. / Approved by: Regensburg, Universität, Disseratation, 2012

Copyright © 2012 AV Akademikerverlag GmbH & Co. KG
Alle Rechte vorbehalten. / All rights reserved. Saarbrücken 2012

Inhaltsverzeichnis

1. **Einleitung**   1
   - 1.1. Zielsetzung   1
   - 1.2. Elefantenschutz   1
2. **Theorie**   3
   - 2.1. Prinzip der Datierung   3
     - 2.1.1. Prinzip der Datierung mittels ^{14}C   3
     - 2.1.2. Prinzip der Datierung mittels ^{228}Th und ^{232}Th   6
   - 2.2. Eigenschaften und Messung von ^{14}C   9
     - 2.2.1. Eigenschaften von ^{14}C   9
     - 2.2.2. Detektionsmethoden für ^{14}C   10
     - 2.2.3. Auswertung eines LSC Spektrums   14
     - 2.2.4. Isotopenfraktionierung   16
     - 2.2.5. Berechnung der relativen spezifischen Aktivität von ^{14}C und gängige Einheiten   17
   - 2.3. Eigenschaften und Messung von Thoriumisotopen, speziell ^{228}Th und ^{232}Th   18
     - 2.3.1. Eigenschaften von Thorium   18
     - 2.3.2. Detektionsmethoden für Thorium und Thoriumisotope   19
     - 2.3.3. Auswertung eines Spektrums aus der α-Spektrometrie   22
     - 2.3.4. Isotopenverdünnungsanalyse   28
   - 2.4. Aufbau und Wachstum von Elfenbein   30
3. **^{14}C-Analytik: Durchführung und Optimierungen**   32
   - 3.1. Ausgangslage   32
   - 3.2. Verbrennung der Proben   34
   - 3.3. Aufarbeitung des Calciumcarbonats nach der Standardmethode   37
     - 3.3.1. Ermittlung der optimalen Masse an Calciumcarbonat   39

  3.3.2. Test der Reproduzierbarkeit der Absorption von Kohlenstoffdioxid in Oxysolve 41
  3.3.3. Test der Langzeitstabilität der Messpräparate 44
 3.4. Aufarbeitung des Calciumcarbonats nach der optimierten Methode 45
  3.4.1. Ermittlung der optimalen Bedingungen zur Speicherung von Kohlenstoffdioxid 46
  3.4.2. Test der Langzeitstabilität der Messpräparate 49

4. Thoriumanalytik: Durchführung und Optimierungen   50
 4.1. Ausgangslage 50
 4.2. Durchführung der Thoriumanalytik 51
  4.2.1. Veraschung der Proben 51
  4.2.2. Herstellung des TOPO Säulenmaterials 52
  4.2.3. Extraktionschromatographische Aufkonzentrierung des Thoriums mittels TOPO-Säule 53
  4.2.4. Aufreinigung des Thoriums mittels TEVA-Säule 53
  4.2.5. Elektroplattierung des Thoriums 54
 4.3. Optimierungen 55
  4.3.1. Photometrische Bestimmung von Thorium 56
  4.3.2. Bestimmung von Thorium per ICP-OES 61
  4.3.3. Ermittlung der Ausbeute der einzelnen Analyseschritte innerhalb der Thoriumanalytik 63
  4.3.4. Überprüfung des ^{229}Th-Ausbeutetracers 66
 4.4. Kopplung der Strontium- und Thoriumanalytik 67

5. Qualitätssicherung   69
 5.1. ^{14}C Bestimmung mittels LSC 69
  5.1.1. Stabilität des Messgeräts 69
  5.1.2. Kalibrierung des Messgeräts 69
  5.1.3. Validierung der ^{14}C Bestimmung 74
 5.2. α-spektrometrische Bestimmung der Thoriumisotope 75
  5.2.1. Stabilität der Messgeräte 75
  5.2.2. Durchführung von Blindanalysen 82
  5.2.3. Validierung der Thoriumbestimmung 86
  5.2.4. Beobachtungen zur Form von Thorium α-Peaks 88

6.	**Bestimmung von ^{14}C und ^{228}Th/^{232}Th in Elfenbeinproben**	**92**
6.1.	Ermittlung geeigneter Probenahmestellen an einem kompletten Elefantenstoßzahn	92
6.2.	Ermittlung des Todeszeitraums von unabhängig datierten Elfenbeinproben	97
6.3.	Ermittlung des Todeszeitraums von Proben unbekannten Alters	104
7.	**Screening auf andere Radionuklide**	**106**
7.1.	Die Bestimmung von ^{210}Po	107
	7.1.1. Ausgangslage	107
	7.1.2. Durchführung der Analysen	107
	7.1.3. Auswertung und Ergebnisse	108
8.	**Zusammenfassung**	**111**
A.	**Publikationen**	**113**
B.	**Chemikalienliste**	**114**
C.	**Geräte und Verbrauchsmaterial**	**115**
D.	**Danksagung**	**117**
E.	**Literaturverzeichnis**	**119**

1. Einleitung

1.1. Zielsetzung

Das Ziel dieser Arbeit ist die Entwicklung und Überprüfung eines Verfahrens, das die Bestimmung des Todeszeitraums eines Elefanten anhand einer Analyse dessen Elfenbeins ermöglicht. Dazu müssen die Radionuklide ^{14}C, ^{90}Sr, ^{228}Th und ^{232}Th im Elfenbein analysiert werden, wobei die Arbeiten und Ergebnisse zu ^{90}Sr in der Arbeit von Schmied [47] zusammengefasst sind. Das Hauptaugenmerk dieser Arbeit liegt in der Optimierung bestehender Analysemethoden für ^{14}C und Thorium. Einerseits ist eine Verbesserung der Präzision wichtig, um geringere Bestimmungsunsicherheiten zu erzielen. Andererseits müssen auch richtige Ergebnisse gewährleistet werden, was durch eine Validierung mit unabhängig zertifizierten Standards sichergestellt wird. Anhand unabhängig datierter Elfenbeinproben wird das Prinzip der Datierung verifiziert und anschließend an Proben unbekannten Alters getestet.

1.2. Elefantenschutz

Elfenbein war schon immer ein begehrtes Material, sowohl für Kunst- als auch Gebrauchsgegenstände. Vor allem im 20. Jahrhundert nahm die Zahl der wegen ihres Elfenbeins getöteten Elefanten dramatisch zu [69]. In Afrika wurde der Bestand des dort lebenden afrikanischen Elefanten (Loxodonta africana) von etwa 3 bis 5 Millionen Elefanten zu Beginn des 20. Jahrhunderts auf ca. 600.000 Tiere am Anfang der 1990er reduziert [69]. In Asien ging die Zahl des dort ansässigen Asiatischen Elefanten (Elephas maximus) im gleichen Zeitraum von etwa 100.000 auf ca. 34.500 bis 54.000 Tiere zurück [69].
Um diesem Trend entgegenzuwirken, wird der Asiatische Elefant seit 1975 im Anhang I des Washingtoner Artenschutz Übereinkommens gelistet. Der Afrikanische Elefant wurde 1976 in den Anhang III des Washingtoner Artenschutz Übereinkommens aufgenommen, 1977 in

den Anhang II und 1989 in den Anhang I hochgestuft. Anhang I enthält alle unmittelbar vom Aussterben bedrohten Arten, während in Anhang II die schutzbedürftigen aber grundsätzlich handelbaren Arten aufgezählt sind. In Anhang III sind die Arten genannt, für die in einzelnen Ländern besondere Bestimmungen existieren. Tiere (auch Teile der Tiere, z.B. Elfenbein), die in Anhang I genannt sind, dürfen nicht gehandelt werden. Sind sie in Anhang II vertreten ist ein Handel nur unter bestimmten Auflagen möglich. Dies gilt für alle Staaten, die das Washingtoner Artenschutz Übereinkommen unterzeichnet haben. [68]

Innerhalb der EU werden die im Washingtoner Artenschutz Übereinkommen enthaltenen Vereinbarungen durch die EU-Ratsverordnung Nr. 338/97 über den Schutz von Exemplaren wildlebender Tier- und Pflanzenarten durch Überwachung des Handels und die sog. Durchführungsverordnung der Kommission Nr. 865/2006 umgesetzt. In diesen wird der Afrikanische Elefant seit dem 18.1.1990 in Anhang A, der höchsten europäischen Schutzkategorie, aufgeführt [33]. Elfenbein, das zwischen dem 1.6.1947 und dem 25.2.1976 (Datum der ersten Listung des Afrikanischen Elefanten im Anhang des Washingtoner Artenschutz Übereinkommens) eingeführt wurde, wird als "pre-convention"(oder Vorerwerb) bezeichnet [33]. Alle vor dem 1.6.1947 hergestellten Gegenstände, also z.B. ein Kunstgegenstand aus Elfenbein, gelten als Antiquitäten (siehe Art. 2 Buchstabe w der EG-VO Nr. 338/97) und brauchen für einen Handel innerhalb der EU keine Bescheinigungen [33]. Für Elfenbein aus den anderen Zeiträumen sind je nach Alter bestimmte Bescheinigungen (Befreiung vom Besitz- und Vermarktungsverbot des § 44 BNatSchG) für den Handel notwendig bzw. der Handel komplett untersagt. Um hier zu richtigen Ergebnissen zu gelangen bedarf es einer sicheren Bestimmung des Alters, vor allem bei Rohelfenbein.

Nicht nur der Elefantenschutz, sondern auch der Vollzug geltenden Rechts würde somit von einer Methode, die eine ausreichend sichere und genaue Ermittlung des Todeszeitpunkts anhand von Elfenbein ermöglicht, profitieren. [6]

2. Theorie

2.1. Prinzip der Datierung

2.1.1. Prinzip der Datierung mittels ^{14}C

Bei ^{14}C handelt es sich um ein radioaktives Kohlenstoffisotop, das sowohl auf natürliche Weise entsteht als auch künstlich in die Umwelt eingebracht wurde bzw. wird. Die natürliche Entstehung von ^{14}C läuft in den oberen Schichten der Atmosphäre ab. Durch die kosmische Strahlung entstehen dort unter anderem Neutronen. Ein solches Neutron kann eine Kernreaktion mit einem Stickstoffatom vollziehen [36]. Daraus resultiert ein ^{14}C Atom (siehe Gleichung 2.1).

$$^{1}_{0}n + ^{14}_{7}N \rightarrow ^{14}_{6}C + ^{1}_{1}p \tag{2.1}$$

Natürlich kann diese Kernreaktion auch mit künstlich erzeugter Neutronenstrahlung ablaufen. Durch die Atomwaffentests in den Jahren 1945 bis 1980 wurde auf diese Weise eine große Menge an ^{14}C zusätzlich erzeugt [59]. Dadurch wurde der natürliche ^{14}C Gehalt, der bis 1955 näherungsweise konstant war, deutlich erhöht. Das gebildete ^{14}C wird in der Atmosphäre zu Kohlenstoffdioxid oxidiert und verteilt sich anschließend relativ schnell in der gesamten Biosphäre. Eine der ersten Veröffentlichungen zu dieser Thematik stammt von Nydal [36] und beschreibt den Anstieg des ^{14}C Gehalts in der Atmosphäre zwischen 1962 und 1963.

Um den ^{14}C Gehalt (bezogen auf die Kohlenstoffmasse) in Abhängigkeit der Jahreszahl zu ermitteln, werden so genannte Bombenkurven erstellt. Diese werden meist durch die Analyse von Jahresringen eines Baumes erhalten. In jedem dieser Ringe wird der ^{14}C Gehalt bestimmt und dieser dann gegen die Jahreszahl aufgetragen. In der Literatur kann eine große Zahl solcher Kurven gefunden werden, z.B. [17], [41], [20]. Natürlich kann der ^{14}C Gehalt aber auch direkt in der Luft bestimmt werden [29]. Hua & Barbetti [16] haben in ihrer Arbeit die Daten mehrerer Bombenkurven zusammengetragen und diese für insgesamt vier unterschiedliche Zonen auf der Erde zu je einer Bombenkurve zusammengefasst. Im Zeitraum 1955 bis einschließlich 1969 unterscheiden sie dabei zwischen drei Zonen in der nördlichen Hemisphäre (NH1, NH2 und NH3) und einer in der südlichen Hemisphäre (SH). Ab 1970 wird zwischen den drei Zonen der nördlichen Hemisphäre nicht mehr unterschieden. In Abbildung 2.1 sind diese vier Bombenkurven abgebildet. Der ^{14}C Gehalt wurde dazu in die Einheit pMC (percent modern carbon) umgerechnet (siehe 2.2.5).

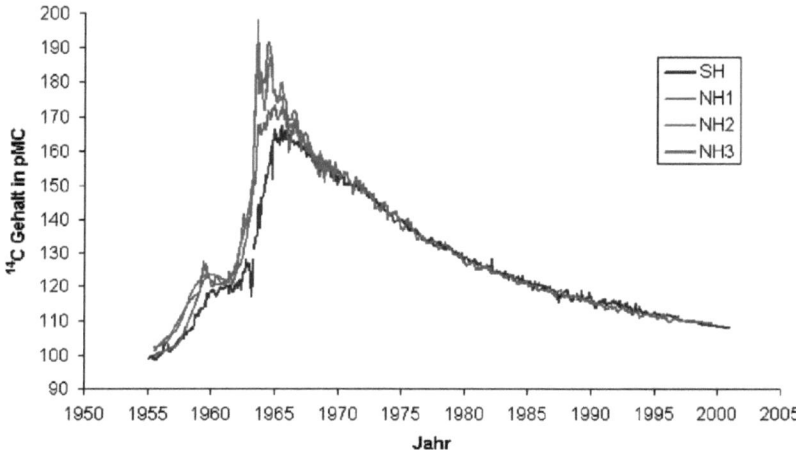

Abbildung 2.1.: Bombenkurven für vier verschiedene Zonen, drei in der nördlichen Hemisphäre (NH1, NH2, NH3) und eine in der südlichen (SH). Rohdaten von Hua & Barbetti [16].

Anhand dieser Kurven lässt sich gut erkennen, dass der Anstieg des ^{14}C Gehalts ab 1955 in der südlichen Hemisphäre leicht verzögert eingesetzt hat. Die Maxima der Kurven liegen um ca. 1965. Das Maximum der Kurve der südlichen Hemisphäre ist zeitlich wiederum leicht verzögert aufgetreten. Außerdem unterscheiden sich die Höhen der Maxima für die vier unterschiedlichen Zonen. Den höchsten Wert erreicht die Kurve NH1, den niedrigsten Wert die Kurve SH. Ab etwa 1970 liegen die Werte für die nördliche und die südliche Hemisphäre aber wieder nah zusammen.

Solche Bombenkurven wurden bereits für verschiedene wissenschaftliche Fragestellungen eingesetzt. Zum einen konnten damit Modelle des Kohlenstoffkreislaufs erstellt werden [16], zum anderen wurden auch schon forensische Fragestellungen bearbeitet. Aufgrund des schnellen Kohlenstoffaustausches in der Biosphäre findet sich ein in der Atmosphäre erhöhter ^{14}C Gehalt auch in Lebewesen wieder. Stirbt ein Lebewesen wird kein neues ^{14}C mehr mit der Nahrung aufgenommen. Somit stimmt der ^{14}C Gehalt in geeigneten Geweben mit dem ^{14}C Gehalt der Biosphäre zum Todeszeitpunkt überein. Ubelaker & Buchholz [58] beschreiben die Möglichkeit den Todeszeitpunkt von Menschen anhand des ^{14}C Gehalts in Knochen zu bestimmen. Sie berichten, dass es sehr zuverlässig möglich ist, einen Todeszeitpunkt vor 1950 (Zeitraum vor den Atomwaffentests) zu erkennen. Dieser liegt vor, wenn der im Knochen bestimmte ^{14}C Gehalt nicht größer als der bis etwa 1950 vorherrschende, natürliche ^{14}C Gehalt in der Biosphäre ist. Übersteigt der ^{14}C Gehalt der Probe den vor 1950 vorherrschenden Wert, so muss die Person noch nach 1950 gelebt haben und der Todeszeitraum liegt innerhalb oder nach den Atomwaffentests. Außerdem wird beschrieben, dass eine genauere Bestimmung des Todeszeitpunkts kaum möglich ist, da der menschliche Knochen ab einem bestimmen Alter nur noch einem geringen Kohlenstoffaustausch unterliegt. Somit stimmt der ^{14}C Gehalt im Knochen nicht mehr zwingend mit dem ^{14}C Gehalt in der Biosphäre zum Todeszeitpunkt überein [57], [58]. Geyh [11] beschreibt unter anderem die Bestimmung des Todeszeitpunkts von Tieren, indem er den ^{14}C Gehalt in Haaren bzw. Fell bestimmt und die erhaltenen Werte mit denen einer Bombenkurve vergleicht. Mit dieser Methode ist es möglich den Todeszeitpunkt eines Tieres auf $\pm$ 2 Jahre genau zu bestimmen. Im Gegensatz zu Knochen wachsen Haare kontinuierlich. Deswegen stimmt ihr ^{14}C Gehalt gut mit dem der Biosphäre zum Todeszeitpunkt überein und ermöglicht eine relativ präzise Datierung.

Bei Elfenbein handelt es sich um kontinuierlich wachsende Zähne, z.B. von Elefanten (weitere Details zum Elfenbein in Abschnitt 2.4). Somit sollte die Bestimmung des ^{14}C Gehalts in Elfenbein eine relativ enge Eingrenzung des möglichen Todeszeitpunkts mit Hilfe einer Bombenkurve ermöglichen. Die Wahl der Bombenkurve (passende Zone) ist dabei nicht all zu wichtig, da die verschiedenen Schutzzeiträume erst ab 1975 oder später beginnen und sich die Bombenkurven für verschiedene Zonen der Welt in diesem Zeitraum kaum mehr unterscheiden (siehe Abbildung 2.1). Im Zeitraum von 1955 bis 1970 hat die Wahl der Bombenkurve einen großen Einfluss auf den resultierenden Todeszeitpunkt, allerdings ist dieser Zeitraum mit Hinblick auf den Artenschutz uninteressant.

Leider gibt es aber auch noch einen gravierenden Nachteil bei der Bestimmung des Todeszeitpunkts allein mit ^{14}C. Aufgrund der Form einer Bombenkurve können den meisten ^{14}C Gehalten je zwei entsprechende Zeiträume zugeordnet werden, einer vor dem Kurvenmaximum und einer danach. In Abbildung 2.2 ist dieses Problem anhand eines Beispiels gezeigt. Als ^{14}C Gehalt wurde dabei ein Wert von (120 ± 5) pMC gewählt. Anhand der Bombenkurve können zwei Zeiträume zugeordnet werden: t_1 von etwa 1960 bis 1963 und t_2 von etwa 1982 bis 1991.

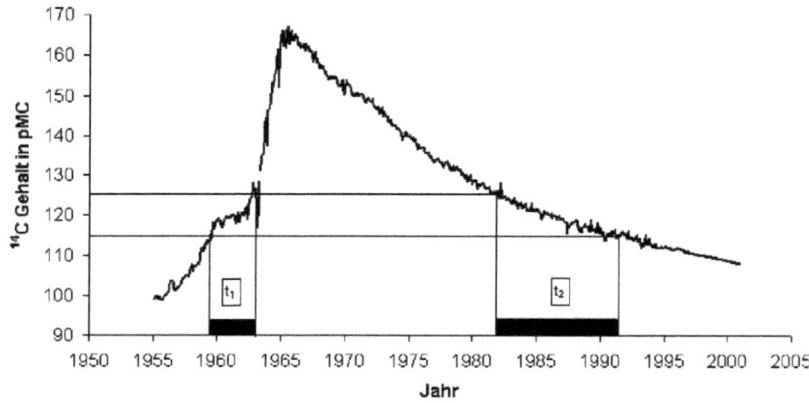

Abbildung 2.2.: Beispiel eines ^{14}C Gehalts, der zwei Zeiträume, t_1 und t_2, ergibt

Mit Hinblick auf den Artenschutz wäre es bei diesem Beispiel sehr wichtig, den wahrscheinlicheren der beiden Zeiträume zu ermitteln. Dies soll durch die zusätzliche Analyse von zwei Thoriumisotopen möglich werden, wie im folgendem Abschnitt (2.1.2) beschrieben.

2.1.2. Prinzip der Datierung mittels ^{228}Th und ^{232}Th

Bei ^{228}Th und ^{232}Th handelt es sich um natürliche Radionuklide. Beide sind Teil der Thorium Zerfallsreihe. Diese Reihe beginnt mit ^{232}Th, einem primordialem Radionuklid, das eine Halbwertszeit von ca. 14 Milliarden Jahren hat [35]. Die darauf folgenden Tochternuklide haben alle eine sehr viel kürzere Halbwertszeit und wachsen deshalb in ^{232}Th-haltigen Medien (z.B Boden, Wasser [13]) sehr schnell auf bzw. stehen mit ^{232}Th im radioaktiven Gleichgewicht (sekuläres Gleichgewicht) [30]. In Abbildung 2.3 sind die ersten vier Nuklide beginnend mit ^{232}Th dargestellt. Zusätzlich sind die jeweilige Hauptzerfallsart und die Halbwertszeit angegeben, Datenquelle: NNDC (National Nuclear Data Center) [35].

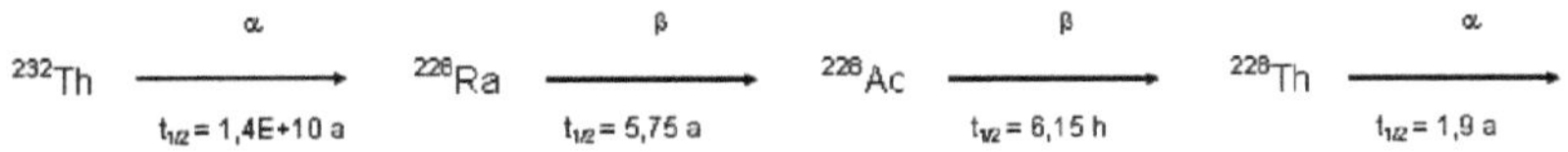

$^{232}\text{Th} \xrightarrow{\alpha} {}^{228}\text{Ra} \xrightarrow{\beta} {}^{228}\text{Ac} \xrightarrow{\beta} {}^{228}\text{Th} \xrightarrow{\alpha}$

$t_{1/2} = 1{,}4\text{E}{+}10\ a \qquad t_{1/2} = 5{,}75\ a \qquad t_{1/2} = 6{,}15\ h \qquad t_{1/2} = 1{,}9\ a$

Abbildung 2.3.: Beginn der Thorium Zerfallsreihe ausgehend von ^{232}Th. Auf bzw. unter den Pfeilen ist die jeweilige Hauptzerfallsart und die Halbwertszeit angegeben, Datenquelle: NNDC [35]

Im Rahmen der Liegezeitbestimmung von Leichen berichtet Kandlbinder [19], dass in menschlichen Knochen nur ^{228}Ra und ^{228}Th aber kein ^{232}Th oberhalb der Nachweisgrenze gefunden werden konnten. Erklärt wird dieser Befund damit, dass Radium im Gegensatz zu Thorium bei Inkorporation (z.B. mit der Nahrung) zum Teil in die Knochen eingelagert wird. Somit wird auch ^{228}Ra in den Knochen eingelagert. Durch den Zerfall des ^{228}Ra über ^{228}Ac entsteht aber so auch ^{228}Th im Knochen.

Bei Elfenbein handelt es sich um Zähne, welche eine ähnliche chemische Zusammensetzung wie Knochen haben. Somit sollte in ihnen ebenfalls Radium eingelagert werden. Das bedeutet, dass solange ein Elefant lebt, Radium aufnimmt und im Elfenbein einlagert, auch eine messbare Aktivität von ^{228}Th vorhanden sein muss. Damit ist das Verhältnis von ^{228}Th zu ^{232}Th größer als eins. Ab dem Todeszeitpunkt stoppt die Aufnahme von neuem Radium. Das noch vorhanden ^{228}Ra im Elfenbein zerfällt mit einer Halbwertszeit von etwa 6 Jahren, so dass nach etwa 10 Halbwertszeiten, also knapp 60 Jahren, das ^{228}Ra praktisch komplett zerfallen ist. Damit sinkt auch der Wert von ^{228}Th. Der minimale Wert, den die verbleibende Aktivität von ^{228}Th dabei erreichen kann, ist identisch zu möglichen Spuren von ^{232}Th im Elfenbein aufgrund der oben beschrieben Zerfallsbeziehung. Daraus ergibt sich ein minimaler Wert für das Verhältnis von ^{228}Th zu ^{232}Th von eins. In Abbildung 2.4 ist der Verlauf der spezifischen Aktivitäten von ^{228}Th, ^{232}Th und ^{228}Ra in Abhängigkeit der Zeit ab dem Todeszeitpunkt abgebildet. Der Wert für die spezifische Aktivität von ^{228}Th und ^{232}Th ist willkürlich gewählt, orientiert sich aber größenordnungsmäßig an den erhaltenen Analyseergebnissen. Der Wert für ^{228}Ra zum Todeszeitpunkt wurde über das von Kandlbinder [19] errechnete Verhältnis von 0,33 für ^{228}Th zu ^{228}Ra abgeschätzt. Wie in der Kurve zu sehen ist, steigt die spezifische Aktivität von ^{228}Th kurz nach dem Tod zuerst noch an, da ^{228}Th und ^{228}Ra am Todeszeitpunkt nicht im Gleichgewicht vorliegen. Der Wert der spezifischen Aktivität beider Isotope nähert sich mit der Zeit dem Wert für ^{232}Th an. Der Wert von ^{232}Th ändert sich aufgrund der langen Halbwertszeit dieses Isotops nicht.

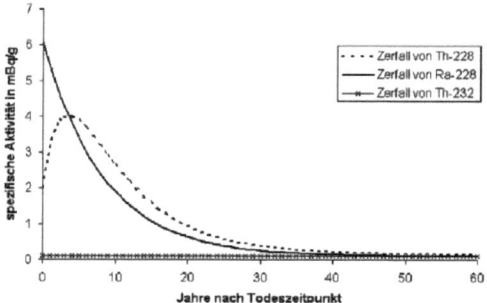

Abbildung 2.4.: Verlauf der spezifischen Aktivitäten von ^{228}Th, ^{232}Th und ^{228}Ra in Abhängigkeit der Zeit ab dem Todeszeitpunkt. Der Ausgangswert für ^{228}Th ist willkürlich gewählt, der Wert für ^{228}Ra ergibt sich aus dem von Kandlbinder [19] ermittelten Verhältnis von 0,33 von ^{228}Th zu ^{228}Ra

In der nächsten Abbildung (2.5) ist das Verhältnis von ^{228}Th zu ^{232}Th aufgetragen. Die Kurve gleicht dem Verlauf der spezifischen Aktivität von ^{228}Th aus Abbildung 2.4 aufgrund des praktisch konstanten Werts für ^{232}Th.

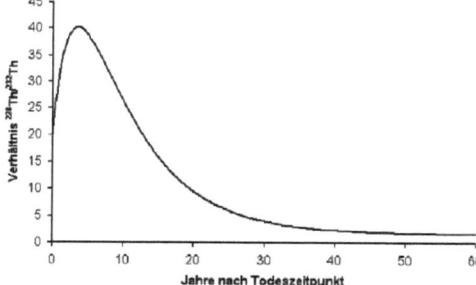

Abbildung 2.5.: Verlauf des Verhältnisses von ^{228}Th und ^{232}Th in Abhängigkeit der Zeit ab dem Todeszeitpunkt

Aus diesem Verhältnis kann die Zeit, die seit Todeseintritt vergangen ist, nur sehr grob abgeschätzt werden. Der Gehalt an ^{228}Ra kann aufgrund unterschiedlicher Ernährung stark schwanken. Damit variiert auch der Wert für ^{228}Th stark, was sich natürlich auch direkt auf das Verhältnis von ^{228}Th zu ^{232}Th auswirkt. Allerdings kann man dieses Verhältnis sehr gut verwenden um abzuschätzen ob der Tod eines Lebewesen erst vor Kurzem eingetreten ist oder schon länger zurückliegt. Mit dieser Information kann dann aus zwei Zeiträumen, welche aus der ^{14}C Analyse resultieren, der richtige der beiden bestimmt werden. Tabelle 2.1 enthält zwei Beispiele, die die Vorgehensweise verdeutlichen sollen.

Tabelle 2.1.: Beispiel, wie das Thoriumverhältnis zur Entscheidungsfindung bei zwei möglichen Zeiträumen aus der ^{14}C Analytik beiträgt

^{14}C Gehalt / pMC	^{228}Th/^{232}Th	mögliche Zeiträume	korrekter Zeitraum
120 ± 5	ca. 1	ca. 1960 - 1963 ca. 1982 - 1991	ca. 1960 - 1963
120 ± 5	> 1	ca. 1960 - 1963 ca. 1982 - 1991	ca. 1982 - 1991

Wie unter Abschnitt 2.1.1 beschrieben, resultieren aus der ^{14}C-Bestimmung oft zwei mögliche Zeiträume. Für einen ^{14}C Gehalt von (120 ± 5) pMC sind das die Zeiträume von ca. 1960 bis ca. 1963 und von ca. 1982 bis 1991. Während der erste mögliche Zeitraum des Todeseintritts schon etwa 50 Jahre zurückliegt, liegt der zweite mögliche Zeitraum erst ca. 25 Jahre in der Vergangenheit. Ein Blick auf die Kurve der Thoriumverhältnisse (Abbildung 2.5) zeigt deutlich, dass im Falle eines Todeseintritts vor ca. 50 Jahren der Wert von ^{228}Th zu ^{232}Th schon relativ nahe an eins liegt. Bei einem Todeseintritt vor ca. 25 Jahren ist dieses Verhältnis deutlich größer als eins. Damit ist eine eindeutige Festlegung auf einen Zeitraum möglich.

2.2. Eigenschaften und Messung von ^{14}C

2.2.1. Eigenschaften von ^{14}C

^{14}C ist neben ^{12}C und ^{13}C eines von drei natürlich vorkommenden Kohlenstoffisotopen. Der Anteil von ^{14}C ist mit 10^{-9} % deutlich geringer als der von ^{13}C mit 1,1 % und ^{12}C mit 98,9 %. Die Entstehung von ^{14}C wurde bereits in Abschnitt 2.1.1 beschrieben. Bei ^{14}C handelt es sich im Gegensatz zu den beiden anderen um ein radioaktives Isotop. Aufgrund seines Überschusses an Neutronen zerfällt es durch einen β^--Zerfall zu ^{14}N (Gleichung 2.2).

$$^{14}_{6}C \rightarrow ^{14}_{7}N + ^{0}_{-1}e^- + \overline{\nu}_e \tag{2.2}$$

Dabei wandelt sich ein Neutron im Atomkern in ein Elektron (e⁻) und ein Proton, welches im Kern verbleibt, um. Zusätzlich entsteht ein Antineutrino ($\overline{\nu}_e$). Die Halbwertszeit von ^{14}C beträgt rund 5700 Jahre [35]. Die Energie von β^--Strahlung (entspricht der Energie des Elektrons E_e) ist nicht diskret, wie bei α- oder γ-Strahlung, sondern variiert in einem Energiebereich zwischen 0 und der maximalen Energie E_{max} des entsprechenden Radionuklids. Der jeweils verbleibende Teil der Energie steckt im Antineutrino, $E_{\overline{\nu}_e}$, so dass die Gleichung 2.3 erfüllt ist [30].

$$E_{max} = E_e + E_{\overline{\nu}_e} \tag{2.3}$$

Deswegen haben Betaspektren immer einen relativen breiten Peak, der sein Maximum bei einer für ein Isotop charakteristischen Energie hat. Diese entspricht ca. einem Drittel der maximalen Energie. Für ^{14}C liegen die Werte der genannten Energien bei 49,47 keV bzw. 156,48 keV [35].

2.2.2. Detektionsmethoden für ^{14}C

a) Gas Proportional Zähler
Für diese Detektionsmethode muss der Kohlenstoff der Probe in den gasförmigen Zustand gebracht werden. Gängige Verbindungen sind Kohlenstoffdioxid oder Acetylen. Diese werden dann mit dem Zählgas (Methan, Argon oder einer Mischung aus beidem) vermischt und durch die Detektionskammer geleitet. Die ionisierende Strahlung erzeugt Ionenpaare in der Gasmischung. Die Detektionskammer enthält eine Anode und eine Kathode, an denen ein elektrisches Feld anliegt. Durch das anliegende elektrische Feld bewegen sich die Ionenpaare in die entgegengesetzte Richtung, was zu einem Stromfluss führt, welcher gemessen werden kann. [30]
Der Nachteil dieser Methode ist, dass sie rein zählend ist. Das heißt, es ist nicht möglich festzustellen, ob eventuelle Kontaminationen ebenfalls einen Beitrag zur Zählrate liefern. Deswegen ist es sehr wichtig, das aus der Probe gewonnene kohlenstoffhaltige Gas wirkungsvoll zu reinigen.

b) **Beschleuniger-Massenspektrometrie**
Dabei handelt es sich vereinfacht ausgedrückt um eine optimierte Form der Massenspektrometrie. Meist wird die Beschleuniger-Massenspektrometrie mit AMS (Accelerator Mass Spectrometry) abgekürzt. Der große Vorteil dieser Methode ist, dass sie nicht nur zerfallende ^{14}C Atome detektieren kann, sondern alle ^{14}C Atome. Damit sinkt die benötigte Probenmasse und die Messung ist empfindlicher und präziser. Die Probenvorbereitung umfasst meist das Verbrennen der Probe und die Reduktion des entstanden und gereinigten Kohlenstoffdioxids zu Kohlenstoff. Dieser wird zu einem Target verarbeitet. Daraus werden Kohlenstoffatome durch den Beschuss mit Cs$^+$-Ionen in Form von Anionen herausgeschlagen. Durch ein elektrisches Feld werden diese abgesaugt und durch ein Magnetfeld geführt. Hierbei erfolgt eine erste Massenselektion. Nach dieser kann ^{14}C aber noch nicht von ähnlich schweren Ionen wie ^{13}C^{1}H$^-$ oder ^{12}C^{1}H$_2^-$ unterschieden werden. Deswegen werden die Ionen nun in einem Tandembeschleuniger beschleunigt und danach in den sog. Stripper geführt. Dort wechselwirken sie mit einem Gas. Durch die Stöße erfolgt eine Umladung und vorhandene Molekülionen werden vollständig zerstört. Die so erhaltenen Kohlenstoffkationen werden erneut durch ein Magnetfeld geführt, um sie nach ihrem Masse-zu-Ladung-Verhältnisses zu separieren. Nun kann ^{14}C von den anderen Kohlenstoffatomen unterschieden werden. [5]
Der große Nachteil dieser Methode ist der Preis. Ein Beschleuniger-Massenspektrometer verursacht sowohl in der Anschaffung als auch im Unterhalt enorme Kosten.

c) **Flüssigszintillationszähler**
Die in der Literatur gängige Abkürzung für diese Methode ist LSC (Liquid Scintillation Counting). Man einen sogenannten LSC Cocktail, der mit der zu messenden Probe bzw. dem Analyt gemischt werden muss. Der Cocktail enthält als wichtigste Bestandteile ein geeignetes Lösungsmittel und den Szintillator. Emittierte ionisierende Strahlung regt zunächst die Lösungsmittelmoleküle an, die ihrerseits die Energie auf den Szintillator übertragen. Wenn die Szintillationsmoleküle vom angeregten in den Grundzustand zurückfallen, geben sie Photonen ab, die von einem Photomultiplier registriert und in ein elektrisches Signal umgewandelt und verstärkt werden. Die Anzahl der Photonen ist dabei proportional zur Energie der ionisierenden Strahlung. Als Resultat erhält man ein Puls-Höhen-Spektrum. [30]
Um ^{14}C mit ausreichender Genauigkeit mit dieser Messmethode zu bestimmen, sind zudem speziell auf low-level ausgelegte Messgeräte nötig. Für diese Arbeit stand ein Quantulus^{tm} 1220 von LKB Wallac (www.perkin-elmer.com) zur Verfügung. Dieser besitzt eine massive Bleiabschirmung und zusätzlich einen Guard-Szintillator um die Messzelle. Dies dient

dazu, die natürliche Umgebungsstrahlung weitgehend zu unterdrücken bzw. zu registrieren und so eine möglichst niedrige und konstante Nulleffektzählrate zu erhalten. Die Messzelle selbst ist von zwei Photomultipliern umgeben. Durch eine Koinzidenzschaltung der beiden kann der Nulleffekt weiter gesenkt und damit die Genauig- und Empfindlichkeit gesteigert werden.[37]

Um ^{14}C in verschiedenen Probenmatrices mittels dieser Detektionsmethode bestimmen zu können, sind je nach Probenbeschaffenheit, Kohlenstoffanteil der Probe und Anforderung an die Genauigkeit und Nachweisgrenze, verschiedene Probenvorbehandlungen nötig bzw. möglich:

- **Direkte Messung**

  Dies ist die einfachste aller Methoden. Die ^{14}C-haltige Probe wird direkt mit Szintillationscocktail gemischt und gemessen. Allerdings ist die Probenart sehr eingeschränkt. Die Probe sollte am besten flüssig sein oder sich im Szintillationscocktail lösen und es dürfen keine weiteren störenden Radionuklide enthalten sein. Geeignete Beispiele sind Ethanol und Methanol, deren ^{14}C Gehalt Aufschluss über deren Gewinnung aus regenerativen oder fossilen Quellen gibt. [4]

- **Messung als MCO$_3$ (M = Ca^{2+}, Sr^{2+}, Ba^{2+})**

  ^{14}C muss dabei zuerst mit dem übrigen Kohlenstoff in Form von Kohlenstoffdioxid aus der Probe freigesetzt werden. Das Kohlenstoffdioxid wird durch Natronlauge geleitet und bleibt dort als Carbonat in Lösung (Gleichung 2.4).

$$2NaOH + CO_2 \rightarrow Na_2CO_3 + H_2O \qquad (2.4)$$

  Aus dieser Lösung kann es durch Zugabe der entsprechenden Metallsalzlösung als MCO$_3$ (M = Ca^{2+}, Sr^{2+}, Ba^{2+}) ausgefällt werden. Das Carbonat kann dann direkt mit einem LSC Cocktail gemessen werden. [38], [64]

  Der Vorteil dieser Methode ist eine relativ schnelle und einfache Durchführung und der geringe apparative Aufwand. Nachteilig sind die geringen Kohlenstoffanteile der Carbonate. Somit ist die maximal einsetzbare Masse an Kohlenstoff nicht besonders groß (Bsp.: 3 g BaCO$_3$ enthalten nur 0,18 g C). Außerdem ist der physikalische Wirkungsgrad im Gegensatz zu einphasigen Systemen nicht besonders hoch. Beides wirkt sich nachteilig auf die erreichbare Messperformance aus.

- **Benzolsynthese**
Die Benzolsynthese ist neben AMS die am meisten verbreitete Methode zur Bestimmung von ^{14}C zu Datierungszwecken. In der Literatur können zahlreiche Beschreibungen gefunden werden [32], [1], [55]. Der Kohlenstoff der Probe muss auch hier zuerst als Kohlenstoffdioxid freigesetzt werden. Im nächsten Schritt lässt man Kohlenstoffdioxid zusammen mit geschmolzenem Lithium in einer Edelstahlreaktionskammer reagieren. Dabei entsteht Lithiumcarbid nach den Gleichungen 2.5 und 2.6.

$$2CO_2 + 10Li \rightarrow Li_2C_2 + 4Li_2O \tag{2.5}$$

$$2C + 2Li \rightarrow Li_2C_2 \tag{2.6}$$

Durch die Zugabe von Wasser wird das Lithiumcarbid hydrolysiert und es entsteht Acetylen (Gleichung 2.7).

$$Li_2C_2 + H_2O \rightarrow C_2H_2 + Li_2O \tag{2.7}$$

Das entstandene Acetylen wird dann mit Hilfe eines geeigneten Katalysators (oft Vanadiumoxid Katalysatoren) trimerisiert und man erhält Benzol (Gleichung 2.8).

$$3C_2H_2 \xrightarrow{cat} C_6H_6 \tag{2.8}$$

Die angegebenen Ausbeuten liegen meist zwischen 90 % und 98 %. Bei Benzol handelt es sich schon um ein geeignetes Lösungsmittel für LSC Szintillatoren, deswegen muss kein LSC Cocktail sondern nur noch ein geeigneter Szintillator zugegeben werden. Aufgrund des hohen Kohlenstoffanteils von Benzol kann man eine vergleichsweise große Masse an Kohlenstoff bei einem geringen Gesamtvolumen messen. Dadurch erreicht man einen sehr niedrigen Blindwert und einen sehr guten physikalischen Wirkungsgrad. Das macht die Benzolsynthese zur empfindlichsten und präzisesten aller ^{14}C Bestimmungen per LSC.
Nachteilig sind eine relativ komplexe Apparatur und eine im Vergleich relativ lange und komplizierte Durchführung.

- **Direkte Absorptions-Methode**
Auch für diese Methode muss der Kohlenstoff einer Probe als Kohlenstoffdioxid frei-

gesetzt werden. Dieses kann nun direkt in einem geeigneten LSC Cocktail gespeichert werden. Zu diesem Zweck ist in solchen LSC Cocktails ein primäres Amin enthalten. Die primäre Aminogruppe und das Kohlenstoffdioxid gehen eine Reaktion ein und bilden ein Carbamat (Gleichung 2.9).

$$R-NH_2 + CO_2 \rightarrow R-NH-COOH \tag{2.9}$$

Dadurch ist das Kohlenstoffdioxid nun chemisch im Szintillationscocktail gebunden. Diese Methode ist ebenfalls relativ weit verbreitet und in der Literatur können zahlreiche Beschreibungen gefunden werden, [62], [67], [43], [42].

Die Vorteile dieser Methode liegen in einer einfachen Durchführung, dem geringen apparativem Aufwand und dem geringen Zeitbedarf für eine Präparation. Die in der Literatur berichteten Bestimmungsunsicherheiten lassen darauf schließen, dass die Performance dieser Methode für die Bestimmung des Todeszeitpunkts von Elefanten ausreichend ist. Die in der vorangegangen Diplomarbeit [4] erreichte Bestimmungsunsicherheit von ca. 10 % (Vertrauensniveau 95 %) für die Bestimmung des ^{14}C Gehalts soll durch weitere Optimierungen noch reduziert werden. Als Szintillationscocktail wird wie auch in der Diplomarbeit Oxysolve C-400 (www.zinsseralalytics.com) verwendet. Laut Datenblatt können in einem Volumen von 20 mL bis zu 2,4 g Kohlenstoffdioxid (entspricht ca. 0,65 g Kohlenstoff) gespeichert werden [70].

2.2.3. Auswertung eines LSC Spektrums

Ergebnis einer LSC Messung ist zunächst ein Puls-Höhen-Spektrum. Dabei werden die registrierten Impulse gegen die Kanalnummer aufgetragen. In Abbildung 2.6 ist ein Beispiel für ein solches Spektrum von ^{14}C gegeben. Der Szintillationscocktail für diese Messung war Oxysolve C-400.

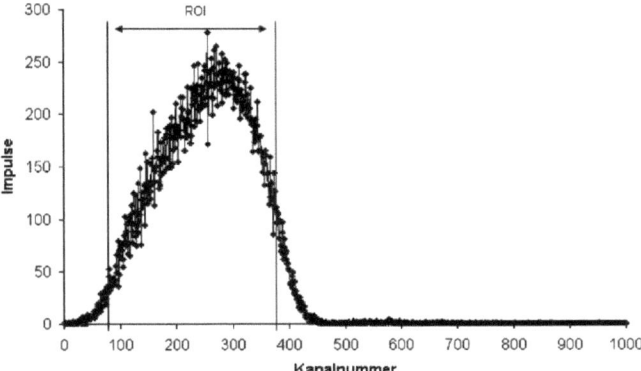

Abbildung 2.6.: Beispiel für ein LSC Spektrum von ^{14}C; Szintillationscockail: Oxysolve C-400; ROI: 70 - 370

Um nun die Bruttozählrate R' für ^{14}C in diesem Spektrum zu ermitteln, muss zunächst ein sogenanntes ROI (Region of interest) oder Fenster gelegt werden. Die Auswahl des Fensters erfolgt meist mit dem Ziel eine möglichst geringe Nachweisgrenze zu erreichen. In diesem Beispiel wird das Fenster von Kanalnummer 70 bis 370 gelegt. Die Impulse aus jedem dieser Kanäle werden nun aufsummiert und durch die Messzeit geteilt. Das Ergebnis ist die Bruttozählrate R'. Um die Nettozählrate R berechnen zu können, muss zusätzlich die Nulleffektzählrate R_0 ermittelt werden. Zieht man von der Bruttozählrate R' die Nulleffektzählrate R_0 ab (Gleichung 2.10), erhält man die Nettozählrate R.

$$R = R' - R_0 \tag{2.10}$$

Die Unsicherheit der Brutto- und der Nulleffektzählrate, $\Delta R'$ und ΔR_0, hängt von der Messzeit t_m ab und errechnet sich unter Annahme der Poisson-Verteilung [30] nach Gleichung 2.11:

$$\Delta R' = \frac{\sqrt{t_m \cdot R'}}{t_m} \quad bzw. \quad \Delta R_0 = \frac{\sqrt{t_m \cdot R_0}}{t_m} \tag{2.11}$$

Durch die Fortpflanzung der Unsicherheiten kann dann die Unsicherheit der Nettozählrate ΔR berechnet werden (Gleichung 2.12).

$$\Delta R = \sqrt{(\Delta R')^2 + (\Delta R_0)^2} \tag{2.12}$$

Die Nettozählrate R und die Aktivität A der Probe stehen über Gleichung 2.13 miteinander in Beziehung. η_{phys} ist der physikalische Wirkungsgrad des Messsystems, η_{chem} ist die chemische Ausbeute der Aufreinigung und Y die Emissionswahrscheinlichkeit des jeweiligen Isotops.

$$A = \frac{R}{\eta_{phys} \cdot \eta_{chem} \cdot Y} \tag{2.13}$$

Die spezifische Aktivität von ^{14}C a(^{14}C) ergibt sich, wenn die obige Gleichung (2.13) durch die Masse des Kohlenstoffs in der Probe, m(C), geteilt wird (siehe Gleichung 2.14). Da die Emissionswahrscheinlichkeit von ^{14}C gleich 1 ist [35], entfällt Y in dieser Gleichung. Außerdem muss die chemische Ausbeute η_{chem} in dieser Gleichung nicht mehr berücksichtigt werden. Die Aktivität von ^{14}C A(^{14}C) und die Masse des Kohlenstoffs, die im Vial gespeichert wurde, hängen in gleicher Weise von der chemischen Ausbeute η_{chem} ab. Setzt man also die direkt im Vial gespeicherte Masse an Kohlenstoff $m_{Vial}(C)$ ein, lässt sich die chemische Ausbeute η_{chem} kürzen. Die Nettozählrate R, bezogen auf die im LSC Vial gespeicherte Masse an Kohlenstoff $m_{Vial}(C)$, wird im weiteren Text die auf die Kohlenstoffmasse normierte Nettozählrate r genannt.

$$a(^{14}C) = \frac{A(^{14}C)}{m(C)} = \frac{R}{m_{Vial}(C)} \cdot \frac{1}{\eta_{phys}} = \frac{r}{\eta_{phys}} \tag{2.14}$$

Die zugehörige Unsicherheit wird über die Fortpflanzung der Unsicherheiten berechnet. Dabei werden die Unsicherheiten der gemessenen Zählraten, die Unsicherheit bei der Bestimmung der Kohlenstoffmasse und die Unsicherheiten der Angaben der verwendeten Kalibrierstandards berücksichtigt.

2.2.4. Isotopenfraktionierung

Allgemein gilt, dass sich die Isotope eines Elements in chemischen Reaktionen gleich verhalten. Da sich aber die Massen der verschiedenen Isotope eines Elements unterscheiden, kann speziell bei der Reaktion von leichteren Molekülen eine Isotopenfraktionierung beobachtet werden. Dies führt zum Beispiel bei Pflanzen dazu, dass $^{12}CO_2$ etwas bevorzugt in der Photosynthese verwendet wird gegenüber $^{13}CO_2$ [40] und das wiederum eher verwendet wird als $^{14}CO_2$. Das bedeutet, dass in der Pflanze nicht die gleichen Verhältnisse von $^{14}C/^{12}C$ bzw. $^{13}C/^{12}C$ wie in der umgebenden Atmosphäre vorliegen. Bei Menschen und Tieren ist die Isotopenfraktionierung hauptsächlich durch die Nahrung beeinflusst. Für die Messung der Isotopenfraktionierung kommen nur ^{12}C und ^{13}C in Frage, da es sich um stabile Isotope handelt und das Verhältnis deswegen unabhängig von der Zeit ist. Das Verhältnis von ^{12}C und ^{13}C, $R_S(^{13}C/^{12}C)$, kann massenspektrometrisch bestimmt werden und gibt bezogen auf das Verhältnis des internationalen Standards, $R_{Std}(^{13}C/^{12}C)$, den $\delta^{13}C$ Wert (Gleichung 2.15).

$$\delta^{13}C = \left(\frac{R_S(^{13}C/^{12}C)}{R_{std}(^{13}C/^{12}C)} - 1 \right) \cdot 1000 \qquad (2.15)$$

Die Fraktionierung von ^{14}C zu ^{12}C kann aus diesem Verhältnis mittels statistischer Thermodynamik berechnet werden. [56]

2.2.5. Berechnung der relativen spezifischen Aktivität von ^{14}C und gängige Einheiten

Die Angabe des ^{14}C Gehalts wird üblicherweise nicht in Aktivität von ^{14}C pro Masse Kohlenstoff (z.B. Bq/g) gemacht (also der spezifischen Aktivität von ^{14}C), da sich dieser Wert mit der Zeit aufgrund des Zerfalls ändern würde. Deswegen wird die spezifische Aktivität von ^{14}C einer Probe auf den Wert der spezifischen ^{14}C Aktivität eines international akzeptierten Standards bezogen. Diese relative spezifische Aktivität von ^{14}C ist dann unabhängig von der Zeit. Eine Übersicht zu dieser Thematik wurde von Stuiver & Polach [52] veröffentlicht. Im Folgenden sind die für diese Arbeit wichtigen Beziehungen und Einheiten zusammengefasst. Beim international akzeptiertem Standard handelt es sich um die ^{14}C Aktivität der NBS[1] Oxalsäure A_{Ox}. Diese Aktivität wird mit 0,95 multipliziert und um den $\delta^{13}C$ Wert korrigiert. Daraus ergibt sich A_{ON} (Gleichung 2.16).

$$A_{ON} = 0,95 \cdot A_{Ox} \cdot \left(1 - \frac{2(19+\delta^{13}C)}{1000}\right) \qquad (2.16)$$

---
[1] National Bureau of Standards; mittlerweile umbenannt in National Institute of Standards and Technology, NIST

Um daraus die *absolute internationale Standard Aktivität* (AISA) A_{abs} zu berechnen, muss eine Aktivitätskorrektur nach Gleichung 2.17 auf das Jahr 1950 erfolgen.

$$A_{abs} = A_{ON} \cdot e^{\lambda(y-1950)} \qquad (2.17)$$

λ ist dabei die Zerfallskonstante von ^{14}C und y das Jahr in dem die Messung erfolgte. Die gemessene Aktivität A_S einer Probe muss ebenfalls um ihren δ^{13}C Wert korrigiert werden, um die korrigierte Aktivität A_{SN} zu erhalten (Gleichung 2.18).

$$A_{SN} = A_S \cdot \left(1 - \frac{2(25 + \delta^{13}C)}{1000}\right) \qquad (2.18)$$

Folgende Einheiten für die relative spezifische Aktivität von ^{14}C können unter anderen anhand der Größen A_{SN}, A_{abs} berechnet werden:

- *percent modern* (pM) oder anders bezeichnet *percent modern carbon* (pMC):

$$pM(C) = \frac{A_{SN}}{A_{abs}} \cdot 100\% \qquad (2.19)$$

- Δ^{14}C :

$$\Delta^{14}C = \left(\frac{A_{SN}}{A_{abs}} - 1\right) \cdot 1000\text{‰} \qquad (2.20)$$

In dieser Arbeit wird ausschließlich die Einheit pMC verwendet. Diese relative spezifische Aktivität von ^{14}C bezogen auf die Masse an Kohlenstoff wird im folgenden Text weiterhin vereinfachend als ^{14}C Gehalt bezeichnet.

2.3. Eigenschaften und Messung von Thoriumisotopen, speziell ^{228}Th und ^{232}Th

2.3.1. Eigenschaften von Thorium

Thorium gehört zur Gruppe der Actinoide. Eine Gemeinsamkeit dieser Gruppe ist, dass alle bekannten Isotope der Actinoide radioaktiv zerfallen. In Tabelle 2.2 sind die Daten der in dieser Arbeit verwendeten Thoriumisotope, ^{227}Th, ^{228}Th, ^{229}Th, ^{230}Th, ^{232}Th, zusammengefasst.

Tabelle 2.2.: Übersicht der in dieser Arbeit vorkommenden Thoriumisotope

Thoriumisotop	Vorkommen (Massenanteil)	Halbwertszeit	Masse pro Aktivität / g/Bq
^{227}Th	natürlich (in Spuren)	18,68 d	$8,99 \cdot 10^{-16}$
^{228}Th	natürlich (in Spuren)	1,91 a	$3,29 \cdot 10^{-14}$
^{229}Th	synthetisch (entfällt)	7340 a	$1,29 \cdot 10^{-10}$
^{230}Th	natürlich (in Spuren)	75380 a	$1,31 \cdot 10^{-9}$
^{232}Th	natürlich ($\simeq 100\%$)	$14,05 \cdot 10^9$ a	$2,46 \cdot 10^{-4}$

Es handelt sich bei allen um α-strahlende Radionuklide. Beim Zerfall wird ein α-Teilchen (positiver Heliumkern) emittiert. Damit verringert sich die Kernladungszahl um 2 und die Massenzahl um 4 (Gleichung 2.21).

$$^{A}_{90}Th \rightarrow ^{A-4}_{88}Ra + ^{4}_{2}He^{2+} + \Delta E \qquad (2.21)$$

Eine wichtige Eigenschaft der α-Strahlung ist, dass ihre Energie diskret ist. Das ermöglicht die Unterscheidung von verschiedenen Isotopen innerhalb einer Messung. Die Halbwertszeiten [35] der tabellierten Thoriumisotope unterscheiden sich sehr deutlich und liegen im Zeitraum von einigen Tagen bis ca. 10^9 Jahren. Die Halbwertszeit beeinflusst unter anderem wesentlich den Zusammenhang zwischen Aktivität und Masse eines Nuklids. Die letzte Spalte der Tabelle 2.21 soll dies verdeutlichen, indem ausgehend von der Aktivität eines Becquerels die jeweilige Masse des Nuklids berechnet ist. Die Zahlen zeigen, dass ^{232}Th aufgrund seiner langen Halbwertszeit bei gleicher Aktivität eine deutlich höhere Masse als die übrigen Thoriumisotope hat. ^{229}Th ist das einzige künstliche Thoriumisotop unter den genannten. Bei den anderen handelt es sich um natürlich vorkommende Radionuklide. Wie bereits in Kapitel 2.1.2 erwähnt, sind ^{228}Th und ^{232}Th Bestandteil der Thoriumzerfallsreihe. ^{230}Th ist Bestandteil der Uran-Radium Reihe, welche vom ^{238}U ausgeht. ^{227}Th ist dagegen Teil der Uran-Actinium Reihe, welche vom ^{235}U ausgeht. In der Erdkruste kommt Thorium relativ gleichmäßig verteilt vor, in Konzentrationen von ca. (5 - 20) μg/g [66].

2.3.2. Detektionsmethoden für Thorium und Thoriumisotope

a) α-**Spektrometrie**

Die α-Spektrometrie ist eine gängige Methode zur Aktivitätsbestimmung von α-strahlenden

Radionukliden. Da die Wechselwirkung von α-Strahlung mit Materie sehr hoch ist, muss der Analyt vor der Messung von der Probe abgetrennt und ein Dünnschichtpräparat hergestellt werden. Diese Präparate werden in einer evakuierten Kammer in einem definiertem Abstand vom Detektor platziert. Der Abstand hat einen Einfluss auf den physikalischen Wirkungsgrad der Messung und die Form des Spektrums. Je näher sich das Präparat am Detektor befindet, desto höher ist der Wirkungsgrad. Allerdings ist die Energieauflösung geringer, da die Halbwertsbreite steigt. Erhöht man den Abstand zum Detektor sinkt der Wirkungsgrad, dafür nimmt die Energieauflösung zu. Das angelegte Vakuum vermindert die Wechselwirkung der α-Teilchen mit Luft auf dem Weg vom Präparat zum Detektor. Dies ist wichtig, um einen möglichst hohen Wirkungsgrad zu erreichen. Bei den verwendeten Detektoren handelt es sich um ionenimplantierte Silizium-Halbleiter Detektoren. Bei der Wechselwirkung der α-Teilchen mit dem Detektor werden Elektronen-Loch-Paare erzeugt, deren Anzahl proportional zur Energie der α-Teilchen ist. Der angeschlossene Vielkanalpuffer (1024 Kanäle; 0 - 1023) ordnet jeden registrierten Impuls entsprechend seiner Energie einem dieser Kanäle zu. So entsteht ein Puls-Höhenspektrum. Da die α-Strahlung diskrete Energien liefert, kann durch ein geeignetes Kalibrierpräparat eine Energiekalibrierung durchgeführt werden. Dadurch kann auf der x-Achse auch direkt die Energie statt der Kanäle aufgetragen werden. Aufgrund der diskreten Energie der α-Strahlung können innerhalb eines Spektrums die Aktivitäten aller relevanter Thoriumisotope (^{227}Th, ^{228}Th, ^{229}Th, ^{230}Th, ^{232}Th) gleichzeitig bestimmt werden.

b) **Photometrie**

Die Photometrie ermöglicht die Bestimmung des Thoriumgehalts einer Probe. Bei der Verwendung von geringen Aktivitäten bedeutet das, dass nur das ^{232}Th aufgrund seiner langen Halbwertszeit in messbaren Massenkonzentrationen auftritt (vgl. Tabelle 2.2) und die Masse der anderen möglichen Thoriumisotope vernachlässigbar ist. Um die Thoriumbestimmung mittels Photometrie durchführen zu können, muss das Thorium in Lösung vorliegen. Diese wird dann mit einer weiteren Lösung versetzt, die Arsenazo III enthält. Arsenazo III ist eine der empfindlichsten Reagenzien (ε_{660nm} bis zu 130000 L·(mol·cm)$^{-1}$) zur spektralphotometrischen Bestimmung von Thorium [21]. Durch die Komplexbildung zwischen Thorium und Arsenazo III entsteht eine Absorptionsbande, die ihr Maximum bei etwa 660 nm hat [2]. Gemessen wird bei der Photometrie die Transmission T, die sich aus der Intensität I_0 des eingestrahlten Lichts und der Intensität I des Lichts nach Durchdringen der Probe gemäß Gleichung 2.22 ergibt.

$$T = \frac{I}{I_0} \qquad (2.22)$$

Das Lambert-Beer Gesetz bringt diese Größe mit der Konzentration c der Probe in Zusammenhang (Gleichung 2.23), wobei A die Absorbanz ist, welche aus der Transmission T berechnet werden kann, ε der molare dekadische Extinktionskoeffizient und l die Länge der durchstrahlten Probelösung.

$$A = -logT = \varepsilon \cdot c \cdot l \qquad (2.23)$$

Die Vorteile dieser Methode sind relativ einfache und günstige Messgeräte und kurze Messzeiten. Die Nachteile sind vor allem der Einfluss von Störionen auf die Komplexbildung. Kationen, die ebenfalls einen Komplex mit Arsenazo III bilden und zu einer Absorption bei der zu messenden Wellenlänge führen, ergeben eine zu große Thoriumkonzentration. Sind Anionen enthalten, die das Thorium ebenfalls komplexieren, steht es für die Bindung mit Arsenazo III nicht mehr zur Verfügung. Daraus resultiert eine geringere Absorbanz und damit ein zu kleiner Wert für die Thoriumkonzentration. Deshalb müssen die Matrixeinflüsse durch geeignete Kalibrierung oder Standardaddition berücksichtigt werden.

c) **Optische Emissionsspektrometrie mit induktiv gekoppeltem Plasma**

Bei der optischen Emissionsspektrometrie mit induktiv gekoppeltem Plasma handelt es sich ebenfalls um eine Methode mit der die Massenkonzentration von Thorium in einer Probe bestimmt werden kann. Die gängige Abkürzung für diese Methode ist ICP-OES (inductively coupled plasma optical emission spectrometry). Wie bereits in Abschnitt b erwähnt, hat nur ^{232}Th bei Verwendung von geringen Aktivitäten eine Masse im erfassbaren Bereich. Das Thorium muss auch bei dieser Methode gelöst vorliegen. Diese Lösung gelangt mittels einer Schlauchpumpe in einen Zerstäuber, in dem die Lösung mit einem Argongasstrom vermischt wird. Mit dem erzeugten Aerosol gelangt nur ein kleiner Teil der Probelösung (meist < 3 %) mit dem Argongasstrom zum Torch [14]. Im hinteren Teil des Torchs wird das Argonplasma durch ein Hochfrequenzfeld mittels Induktionsspulen erzeugt. Durch die im Plasma vorherrschenden hohen Temperaturen werden Mokelüle zerstört und die resultierenden Atome bzw. ionisierten Atome angeregt. Beim Zurückfallen in den Grundzustand emittieren sie die für ein Element spezifischen Linien. Diese Linien werden von einer Optik zum Detektor geleitet. Die Intensität einer Linie ist dabei proportional zur Konzentration des zugehörigen Elements. [22]

Der Vorteil dieser Methode ist, dass praktisch kaum Störungen durch andere Elemente auftreten, da die Linien eines Elements zum einen sehr schmal sind und außerdem meist mehrere Linien pro Element vorhanden sind, so dass sich praktisch immer eine ungestörte Linie finden lässt. Die sonstige Matrix der Probe hat ebenfalls wenig Einfluss auf die Messung, da sämtliche Bestandteile durch die hohen Temperaturen im Plasma als Atome bzw. ionisierte Atome vorliegen. Die Viskosität einer Probelösung hat allerdings deutlichen Einfluss auf die Messung. Beim Zerstäubungsprozess ist die Viskosität die wesentliche Eigenschaft der Probe, die bestimmt welcher Anteil vom Argonstrom mitgerissen wird und ins Plasma gelangt. Im Vergleich zur Photometrie sind die Anschaffungs-, Betriebs- und Unterhaltskosten für ein solches Gerät wesentlich höher.

d) **Massenspektrometrie mit induktiv gekoppeltem Plasma**
Die ICP-MS (inductively coupled plasma mass spectrometry) unterscheidet sich nur durch den Detektionsprozess von der ICP-OES. Die im Plasma entstandenen ionisierten Atome werden in ein Quadrupol-Massenspektrometer geführt. Dort werden sie gemäß ihrem Masse-zu-Ladung-Verhältnis getrennt und detektiert. Die Nachweisstärke dieser Methode ist deutlich höher als die der ICP-OES, allerdings sind die Anschaffungskosten für ein solches Gerät auch höher.

2.3.3. Auswertung eines Spektrums aus der α-Spektrometrie

Die Auswertung eines α-Spektrums hat das Ziel, die von einem Isotop erzeugten Impulse zu ermitteln, um letztendlich die Aktivität berechnen zu können. In verschiedenen Tabellenwerken können die von einem Isotop emittierten Linien, die zugehörigen Energien und Emissionswahrscheinlichkeiten nachgeschlagen werden. In dieser Arbeit werden die Daten des National Nuclear Data Center [35] verwendet. In Tabelle 2.3 sind die Energien und die Emissionswahrscheinlichkeiten der Thoriumisotope ^{227}Th, ^{228}Th, ^{229}Th, ^{230}Th und ^{232}Th zusammengefasst. Speziell ^{227}Th und ^{229}Th haben eine große Anzahl an Linien, weswegen nur Linien berücksichtigt werden, die eine Emissionswahrscheinlichkeit von mindestens 1 % haben.

Tabelle 2.3.: Übersicht der Zerfallsdaten von den Thoriumisotopen ^{227}Th, ^{228}Th, ^{229}Th, ^{230}Th und ^{232}Th, Datenquelle: NNDC [35].

Thoriumisotop	Energie / MeV	Emissionswahrscheinlichkeit / %
^{227}Th	5,668	2,06
	5,693	1,50
	5,701	3,63
	5,708	8,3
	5,713	4,89
	5,757	20,4
	5,808	1,27
	5,867	2,42
	5,960	3,00
	5,978	23,5
	6,009	2,90
	6,038	24,2
^{228}Th	5,340	27,2
	5,423	72,2
^{229}Th	4,761	1,0
	4,798	1,50
	4,814	9,30
	4,838	5,00
	4,845	56,20
	4,901	10,20
	4,968	5,97
	4,979	3,17
	5,053	6,60
^{230}Th	4,621	23,40
	4,687	76,3
^{232}Th	3,947	21,7
	4,012	78,2

In Abbildung 2.7 ist ein Beispiel für ein Thoriumspektrum gezeigt, welches die Nuklide ^{228}Th, ^{229}Th, ^{230}Th und ^{232}Th enthält. Im hinteren Energiebereich des Spektrums (ab ca. 5,5 MeV) sind weitere Peaks zu sehen, die durch die α-Linien von den Zerfallsprodukten der Thoriumisotope entstehen.

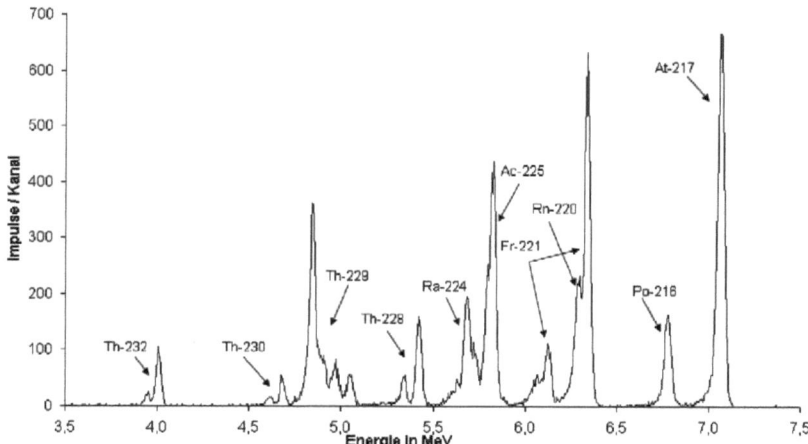

Abbildung 2.7.: Beispiel für ein α-Spektrum von ^{228}Th, ^{229}Th, ^{230}Th und ^{232}Th. Im hinteren Teil des Spektrums sind die Linien von weiteren α-strahlenden Isotopen zu sehen, die durch den Zerfall der Thoriumisotope entstehen.

Um nun die Gesamtimpulse, die von einem Isotop erzeugt worden sind, zu ermitteln, müssen die Impulse aus den entsprechenden Kanälen addiert werden. Die Kanäle, deren Impulse addiert werden sollen, werden dazu in ein ROI (region of interest) zusammengefasst. Die Bestimmung eines ROIs kann auf zwei verschiedene Weisen erfolgen:

- **Ermittlung eines ROIs mit Hilfe der Halbwertsbreite**

  Die Halbwertsbreite, Abkürzung FWHM (full width at half maximum), wird anhand einer möglichst nicht überlagerten α-Linie innerhalb des auszuwertenden Spektrums bestimmt. Ist die Halbwertsbreite bekannt, können nun die einzelnen Linien nach folgendem Prinzip ausgewertet werden. Man beginnt bei dem Kanal $K_{i,max}$, der der Energie der auszuwertenden Linie entspricht und zählt zu diesem die Zahl der Halbwertsbreite dazu. Dies ergibt die obere Grenze des ROIs, K_{oG} (siehe Gleichung 2.24). Als nächstes ermittelt man die untere Grenze K_{uG}, indem man von $K_{i,max}$ zwei mal den Wert der Halbwertsbreite abzieht (siehe Gleichung 2.25).

$$K_{oG} = K_{i,max} + FWHM \qquad (2.24)$$

$$K_{uG} = K_{i,max} - 2 \cdot FWHM \qquad (2.25)$$

Nun werden alle Impulse aus den jeweiligen Kanälen, die das ROI umfasst, addiert. Oft liegen die Linien eines Isotops so nah zusammen, dass sich die ROIs der jeweiligen Linien überlagern. Solange nur die Linien eines Isotops betroffen sind, stellt dies kein Problem dar, da am Schluss sowieso alle Impulse von verschiedenen Linien eines Isotops aufaddiert werden. Mit dieser Methode können also die jeweiligen Gesamtimpulse der auszuwertenden Isotope ermittelt werden.

- **Ermittlung eines ROIs mit Hilfe einer Fitfunktion**
  Eine weitere Methode zur Ermittlung der ROIs für die auszuwertenden Isotope nutzt Fit-Funktionen zu den einzelnen Linien der Isotope. Die Fit-Funktionen zu den einzelnen Linien werden nach den folgenden Überlegungen von Schupfner [48] erstellt. α-Peaks zeigen in Spektren praktisch immer ein mehr oder weniger ausgeprägtes Tailing zum niederenergetischen Bereich vom Peakmaximum aus gesehen. Schupfners Modell geht davon aus, dass dieses Tailing hauptsächlich durch die Dicke des Dünnschichtpräparats beeinflusst wird. Im Modell wird davon ausgegangen, dass die α-strahlenden Isotope in verschiedenen Schichten im Präparat vorliegen. Die Praxis hat gezeigt, dass die meisten Präparate eine solche Qualität besitzen, dass die Unterscheidung von drei Schichten ausreichend ist. In Abbildung 2.8 ist die Messanordnung schematisch dargestellt.

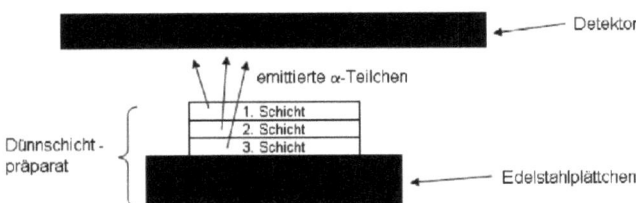

Abbildung 2.8.: Schichtverteilung im α-Dünnschichtpräparat

Die α-Teilchen aus der obersten Schicht (1. Schicht) gelangen ohne Abbremsung zum Detektor, also bei der tabellierten Energie für die jeweilige α-Linie. Die Teilchen aus der mittleren Schicht (2. Schicht) müssen die 1. Schicht zuerst passieren und verlieren dabei einen Teil der Energie. Daraus entsteht eine Linie mit verminderter Energie. Im Modell wird die jeweilige Energie um eine Halbwertsbreite reduziert. Die Teilchen aus der untersten Schicht (3. Schicht) müssen die erste und die zweite Schicht passieren und erzeugen nach dem Modell eine Linie mit einer Energie, die um zwei Halbwertsbreiten reduziert ist. Summiert man diese drei Linien auf und passt die Verteilung der Isotope in die erste, zweite und dritte Schicht an, lassen sich die in den Spektren enthaltenen Peaks sehr gut durch den Fit annähern. In Abbildung 2.9 ist auf der linken Seite das Ergebnis dieser Prozedur für die Linie mit der höheren Emissionswahrscheinlichkeit des ^{228}Th gezeigt. Darin sind die drei jeweils für eine Schicht berechneten Linien (gestrichelte Linien) und deren Summe (durchgezogene Linie) enthalten. Dieses Prozedere wird mit der zweiten Linie des ^{228}Th analog durchgeführt. Addiert man nun die Fitfunktionen für die beiden Linien des ^{228}Th, erhält man einen Fit, der gut mit den Linien im Spektrum übereinstimmt. Dieses Ergebnis ist auf der rechten Seite in Abbildung 2.9 gezeigt (durchgehende Linie). Die gestrichelte Kurve zeigt zum Vergleich das Spektrum von ^{228}Th aus einer Messung.

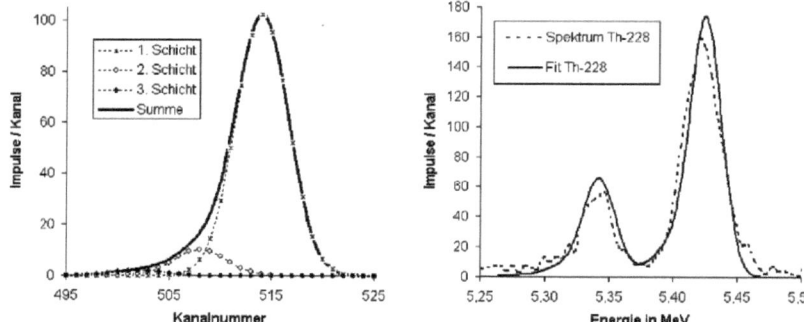

Abbildung 2.9.: Im linken Diagramm entsprechen die gestrichelten Kurven jeweils einer Linie aus einer der drei Schichten nach dem Modell. Die durchgehende Kurve erhält man durch Aufsummieren der drei gestrichelten Kurven. Im rechten Diagramm ist das Ergebnis des Fits für beide Linien von ^{228}Th (durchgehende Linie) gezeigt. Zum Vergleich zeigt die gestrichelte Kurve im rechten Diagramm das Spektrum von ^{228}Th aus der Messung.

Die Linien aus denen sich die Fits zusammensetzen werden durch folgende Gleichungen nach Schupfner [48] berechnet. Die Fit-Gleichung $f_x(c)$, die in Abhängigkeit der Kanalzahl c berechnet wird, lautet:

$$f_x(c) = h_x \cdot e^{\frac{-(c_x-c)^2}{w^2}} \tag{2.26}$$

Der Index x von $f_x(c)$ beinhaltet, dass diese Funktion für jedes Nuklid für die jeweiligen Linien aus den entsprechenden Schichten extra berechnet werden muss. Diese Funktion ergibt also jeweils eine der gestrichelten Kurven, die im linken Diagramm der Abbildung 2.9 dargestellt sind. Der Parameter w welcher in Gleichung 2.26 enthalten ist, kann nach Gleichung 2.27 aus der Halbwertsbreite FWHM berechnet werden.

$$w = \frac{FWHM}{2 \cdot \sqrt{ln2}} \tag{2.27}$$

Der Parameter h_x in Gleichung 2.26 beeinflusst die Höhe des berechneten Peaks. Er wird mittels der Gleichung 2.28 berechnet.

$$h_x = Y_x \cdot C_{x,max} \cdot s_{1-3} \tag{2.28}$$

Y_x ist dabei die Emissionswahrscheinlichkeit, der jeweiligen Linie eines Nuklids. $C_{x,max}$ ist die höchste gemessene Impulszahl innerhalb eines Kanals für das betreffende Nuklid. Die Faktoren s_{1-3} stehen für den Wichtungsfaktor. In dieser Arbeit wird zwischen drei Schichten unterschieden, daher die Indices 1 bis 3. Der letzte unbekannte Parameter in Gleichung 2.26 ist c_x. Damit ist die Kanalzahl gemeint, bei der das Peakmaximum des Fits laut den Literaturdaten (Energie der Linien) bzw. der Theorie (Verschiebung des Peakmaximums um eine bzw. zwei Halbwertsbreite/n bei Emittierung aus zweiter bzw. dritter Schicht) zu erwarten ist.

Um nun die ROIs aus den erstellten Fits zu ermitteln, wird folgenderweise vorgegangen. Sowohl die Fits als auch die Daten aus dem Spektrum werden gegen die gleiche Abszisse aufgetragen. Nun kann, sofern nötig, eine Anpassung der Fits für jedes Nuklid an die Lage der Peaks im Spektrum durchgeführt werden. Anschließend erfolgt die Anpassung der Höhe des Fits an die Peaks im Spektrum. Dazu gibt es einen Wert, der mit dem gesamten Fit eines Nuklids multipliziert wird. Dieser Wert wird so lange variiert bis die Gesamtimpulse des Spektrums und des Fits innerhalb eines ROIs gleich groß sind. Zum ROI zählt jeder Kanal, der im Fit einen Impuls größer als 0,9 hat. Dadurch wird erreicht, dass das ROI möglichst klein gehalten werden kann, was sich positiv auf die erreichbare Nachweisgrenze auswirkt. Trotzdem werden je nach Spektrum meist zwischen 95 % und 100 % der Impulse eines Nuklids erfasst. Diese Zahl wird berechnet, indem die summierten Impulse des Fits aus den Kanälen des ROIs durch die summierten Impulse des Fits aus allen Kanälen geteilt werden. Die Auswahl der Zahl von 0,9 Impulsen erfolgte willkürlich. Je kleiner diese Zahl gesetzt wird, desto größer wird das ROI. Das hat zur Folge, dass einerseits ein größerer Anteil der Fläche des Peaks erfasst wird, andererseits steigt aber auch der Nulleffekt und damit die Nachweisgrenze. Wird der Wert größer als 0,9 Impulse gewählt, wird das ROI kleiner und der erfasste Anteil der Fläche des Peaks und die Nachweisgrenze sinken.

Zusammengefasst lässt sich sagen, dass diese Methode zur ROI-Bestimmung es ermöglicht, die verschiedenen ROIs optimal zu erfassen und die erreichbaren Nachweisgrenzen zu optimieren. Zusätzlich können auch mögliche leichte Kontaminationen erkannt werden, die unter Umständen bei einer einfacheren Auswertung nicht aufgefallen wären. Dies trägt zusätzlich zur Sicherheit bei der Auswertung bei.

2.3.4. Isotopenverdünnungsanalyse

Für die α-Spektrometrie werden in der Regel Dünnschichtpräparate benötigt. Deswegen muss der Analyt möglichst vollständig von der Probenmatrix getrennt werden. Dies kann durch verschiedene Verfahren bewerkstelligt werden. Jeder der angewendeten Schritte geht aber meist mit gewissen Ausbeuteverlusten einher. Um all diese Verluste zu erfassen, hat sich die Methode der Isotopenverdünnungsanalyse bewährt [30]. Dabei gibt man der Probe einen sogenannten Ausbeutetracer zu. Im Idealfall handelt es sich dabei um ein Isotop des zu analysierenden Elements, das in der Probe nicht enthalten ist. Im Fall von Thorium bieten sich die Isotope ^{227}Th und ^{229}Th an. Eine bekannte Menge des Ausbeutetracers wird der zu analysierenden Probe möglichst am Beginn der Analytik zugesetzt. Wichtig ist, dass Tracer und Analyt im gleichen chemischen Zustand in der Probe vorliegen. Anschließend wird die Analytik durchgeführt, ein Dünnschichtpräparat erstellt und selbiges gemessen. Aus dem Spektrum werden dann sowohl die Gesamtimpulse des Tracers N'_{Tr}, als auch die der Analyten N'_i erhalten. Dabei ist wichtig, dass das Festlegen der ROIs zur Gewinnung der Gesamtimpulse, bei Tracer und Analyt nach der gleichen Vorgehensweise erfolgt. Die ermittelten Gesamtimpulse des Tracers bzw. Analyten müssen noch um den jeweiligen Nulleffekt $N_{0,Tr}$ bzw. $N_{0,i}$ im verwendeten ROI korrigiert werden. Dadurch erhält man die jeweiligen Nettoimpulse N_{Tr} bzw. N_i (Gleichung 2.29).

$$N_{Tr} = N'_{Tr} - N_{0,Tr} \quad bzw. \quad N_i = N'_i - N_{0,i} \qquad (2.29)$$

Anschließend kann unter Verwendung der eingesetzten Aktivität des Tracers A_{Tr} und unter Berücksichtigung der jeweiligen Emissionswahrscheinlichkeiten von Tracer Y_{Tr} und Analyt Y_i die entsprechende Aktivität des jeweiligen Analyten A_i nach Gleichung 2.30 berechnet werden.

$$A_i = \frac{Y_{Tr} \cdot N_i}{Y_i \cdot N_{Tr}} \cdot A_{Tr} \qquad (2.30)$$

Somit müssen zur Auswertung weder der physikalische Wirkungsgrad η_{phys} noch die chemische Ausbeute η_{chem} bekannt sein. Die statistische Unsicherheit der Bruttoimpulse $\Delta N'$, der Impulse des Nulleffekts ΔN_0 und der Nettoimpulse ΔN ergeben sich anhand der Possion-Verteilung [30]:

$$\Delta N' = \sqrt{N'} \qquad (2.31)$$

$$\Delta N_0 = \sqrt{N_0} \qquad (2.32)$$

$$\Delta N = \sqrt{N' + N_0} \qquad (2.33)$$

Die Berechnung der Unsicherheit der Aktivitätsangabe berücksichtigt zusätzlich die Unsicherheit der Aktivitätsangabe des Tracers und ergibt sich nach der Fehlerfortpflanzung. Die in dieser Arbeit verwendete Nachweisgrenze wird nach folgender Formel (Gleichung 2.34) gemäß den Regeln des kerntechnischen Ausschusses berechnet [23].

$$A_{NWG} = \frac{(3+1{,}645)}{\eta_{phys} \cdot \eta_{chem} \cdot Y} \cdot \sqrt{R_0 \cdot \left(\frac{1}{t_0} + \frac{1}{t_b}\right)} \qquad (2.34)$$

Das Produkt aus physikalischem und chemischem Wirkungsgrad $\eta_{chem} \cdot \eta_{chem}$ kann mit Hilfe der eingesetzten Aktivität und der Emissionswahrscheinlichkeit des Tracers sowie dessen gemessenen Impulsen bestimmt werden. Weiterhin muss die Emissionswahrscheinlichkeit Y des zu bestimmenden Isotops eingesetzt werden. R_0 ist die Nulleffektzählrate für das zu bestimmende Isotop und t_0 bzw. t_b die Messzeiten des Nulleffekts bzw. der Probe für die die Nachweisgrenze bestimmt werden soll.

2.4. Aufbau und Wachstum von Elfenbein

Bei den Stoßzähnen eines Elefanten handelt es sich um modifizierte Schneidezähne aus dem Oberkiefer [45]. Der Stoßzahn eines Elefanten wächst sein ganzes Leben lang. Der bereits gewachsene Teil unterliegt keinem ständigen Stoffaustausch oder sonstigen Erneuerungsprozessen [44]. Der Großteil des Stoßzahns besteht aus Dentin, welches auch Elfenbein genannt wird. Das Dentin ist außen von einer Schicht Cementum umgeben. Zur Spitze hin ist der Stoßzahn massiv. Auf der Seite des Stoßzahnstumpfes ist der Stoßzahn innen hohl. In dem Hohlraum befindet sich das Zahnmark (Pulpa), das Blut- und Nervengefäße enthält. Dieser Hohlraum ist von konischer Form und die Länge entspricht ungefähr einem Drittel der Gesamtlänge des Stoßzahns [65]. Dieser Hohlraum wird auch Pulpahöhle genannt. In Abbildung 2.10 ist der Aufbau eines Stoßzahns schematisch dargestellt.

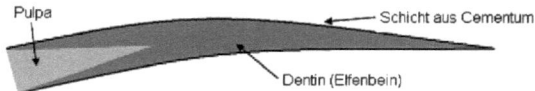

Abbildung 2.10.: Schematischer Aufbau eines Stoßzahns.

An der Grenzfläche zwischen Pulpa und Dentin befinden sich die Odontoblasten [44]. Diese Zellen sind für die Bildung von Dentin verantwortlich und ergeben dadurch das Wachstum des Stoßzahns. Sie bewegen sich dabei zentripetal zur Achse des Stoßzahns und erzeugen dabei neues Dentin in einer Schicht, die die Pulpa komplett umgibt [8]. Diese Schichten können in Längs- und Querschnitten von Stoßzähnen als Linien beobachtet werden. Diese Linien werden Owen-Linien (Lines of Owen) genannt [26]. In Abbildung 2.11 ist der Längsschnitt des Stoßzahns abgebildet, der für diese Arbeit zur Verfügung stand. Auf der rechten Seite des Stoßzahns kann man noch das obere Ende der konisch zulaufenden Pulpahöhle erkennen. Die hellen und dunklen Bereiche, die parallel zur Pulpahöhle verlaufen, sind die Owen-Linien.

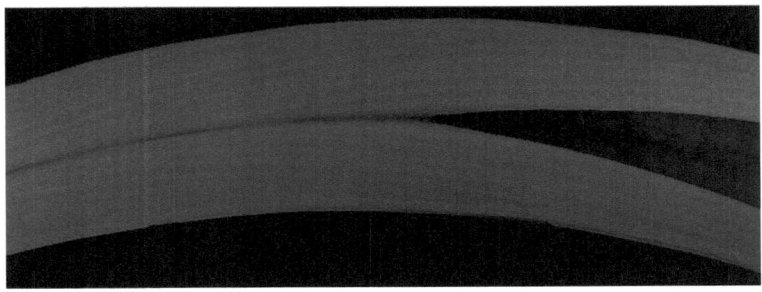

Abbildung 2.11.: Dieses Photo zeigt den Längsschnitt des für diese Arbeit zur Verfügung stehenden Stoßzahns. Die abwechselnd hellen und dunklen Bereiche sind die Owen-Linien. Auf der rechten Seite ist noch das obere Ende der Pulpahöhle zu sehen.

Die Hauptkomponente eines Stoßzahns, das Dentin, ähnelt in seiner Zusammensetzung der von Knochen. Es besteht aus einem anorganischen und einem organischen Anteil. Der Hauptbestandteil des anorganischen Anteils ist Hydroxylapatit, der des organischen das Strukturprotein Collagen [44], [26].

In der Literatur werden verschiedene Vorgehensweisen beschrieben, wie aus den Maßen eines Stoßzahns das Alter und das Geschlecht des zugehörigen Tieres abgeschätzt werden kann [8], [39]. Dazu wurden in verschiedenen Elefantenpopulationen verschiedene Maße von Stoßzähnen und das Alter der Tiere ermittelt. Die Maße beinhalten unter anderen das Gewicht, die gesamte Länge des Stoßzahns, die Länge des von außen sichtbaren Teils des Stoßzahns, die Länge des verdeckten Teils des Stoßzahns, die Länge der Pulpa, der Durchmesser am Stumpf und der Durchmesser an der Stelle an der der Stoßzahn aus dem Körper des Elefanten austritt. Diese Größen wurden gegen das Alter der Elefanten und gegeneinander aufgetragen, um mögliche Zusammenhänge zu erkennen und daraus Rückschlüsse auf das Geschlecht der Tiere zu ziehen. Dadurch ist es zumindest grob möglich, Alter und Geschlecht eines Tiers ausgehend von einem Stoßzahn abzuschätzen.

3. ^{14}C-Analytik: Durchführung und Optimierungen

3.1. Ausgangslage

Die Freisetzung, Abtrennung und Messung von ^{14}C erfolgte nach dem gleichen Prinzip, welches bereits in der Diplomarbeit zum Einsatz gekommen ist [4], nämlich der direkten Absorptions-Methode. Die Durchführung besteht aus zwei Teilschritten, der Freisetzung des Kohlenstoffs aus der Probe durch Verbrennung und Fixierung in Calciumcarbonat und anschließend die Freisetzung von Kohlenstoffdioxid und Speicherung im Szintillationscocktail. Ein Schema des Ablaufes ist in Abbildung 3.1 gezeigt.

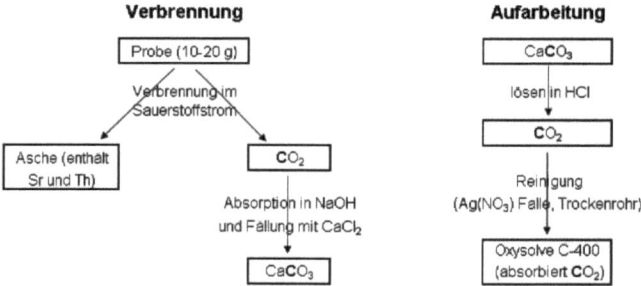

Abbildung 3.1.: Schema der ^{14}C Analytik

Auf der einen Seite hat sich diese Methode in Hinblick auf die Analysendauer und Durchführbarkeit bewährt, auf der anderen Seite ist die erzielte Bestimmungsunsicherheit von nicht ganz 10 % (Vertrauensniveau 95 %) aber relativ hoch. Diese soll durch die Optimierung der beiden folgenden Parameter innerhalb der Probenaufarbeitung möglichst deutlich reduziert werden:

a) **Erhöhung des Volumens an Oxysolve**

In der Diplomarbeit [4] wurde mit einem Volumen von 15 mL Oxysolve gearbeitet. Laut dem Datenblatt [70] des Herstellers lassen sich in diesem Volumen maximal 1,8 g Kohlenstoffdioxid speichern. Dies konnte in der Diplomarbeit annähernd erreicht werden. Da ein LSC Vial aber ein maximales Volumen von 20 mL hat, soll das verwendete Volumen von Oxysolve auf diesen Wert angehoben werden. Dadurch steigt die theoretisch speicherbare Menge an Kohlenstoffdioxid von 1,8 g auf 2,4 g. Das hat zur Folge, dass sich auch die Menge an ^{14}C erhöht und damit eine höhere Aktivität pro Probe gemessen werden kann. Dies lässt die prozentuale Unsicherheit der gemessenen Zählrate sinken, wodurch sich die Gesamtunsicherheit reduziert.

b) **Verwendung von Schlenkkolben bei der Speicherung des Kohlenstoffdioxid**

Bis jetzt wurde die Speicherung des Kohlenstoffdioxids direkt im LSC Vial durchgeführt. Der Vorteil ist, dass Speicherung und Messung im gleichen Gefäß erfolgen und damit ein Umfüllen vermieden werden konnte. Somit wurden keine Verluste durch das Umfüllen erzeugt. Die Nachteile sind zum einen der Verschluss des LSC Vials während der Speicherung. Dabei kam ein Gummistopfen zum Einsatz, in den zwei kleine Löcher gebohrt worden sind. In dem einen Loch steckt eine längere Pasteurpipette, die fast bis zum Boden des LSC Vials reicht und als Gaseinlass fungiert. In dem anderen Loch steckt eine kurze Pasteurpipette, die als Gasauslass dient und mit dem Stopfen abschließt. Die Ermittlung der gespeicherten Kohlenstoffdioxidmasse erfolgt durch Wägung des LSC Vials vor und nach der Speicherung. Für den Wägevorgang wird das Vial immer mit dem zugehörigen Schraubverschlussdeckel geschlossen. Es lässt sich dabei nicht vermeiden, dass beim Entfernen des Gummistopfens samt den Pasteurpipetten ein kleiner Teil des Oxysolve, der am Stopfen und an den Pipetten haftet, verloren geht. Da deswegen davon ausgegangen werden muss, dass die Unsicherheit bei der Ermittlung der Kohlenstoffmasse nicht nur durch die Bestimmungsunsicherheit der Waage beeinflusst wird, wird die Standardabweichung der ermittelten Kohlenstoffmassen zahlreicher Versuche als Bestimmungsunsicherheit bei der Bestimmung der Kohlenstoffmasse in einem Vial verwendet. Dieser Wert liegt bei 2,0 %. Die im Präparat gespeicherte Kohlenstoffmasse fließt in die weitere Auswertung ein. Eine reduzierte Unsicherheit bei der Bestimmung der Kohlenstoffmasse wirkt sich also positiv auf die Gesamtunsicherheit des Endergebnisses aus.

Ein weiterer Nachteil ist, dass bei einer Speicherung des Kohlenstoffdioxids direkt im LSC Vial das maximale Volumen von Oxysolve nicht höher als 15 mL sein darf. Wird das LSC Vial mit einem größeren Volumen befüllt, drücken die Gasblasen den Szintillationscocktail teilweise durch den Gasauslass. Damit ist eine Bestimmung der gespeicherten Kohlenstoffdioxidmasse aus der Massendifferenz nicht mehr sinnvoll möglich.

Deswegen wurde ein alternatives Gefäß gesucht, das zum einen ein Volumen von mindestens 20 mL hat, möglichst keine Verluste an Oxysolve während der Speicherung auftreten und ein möglichst ideales Umfüllen des Oxysolve nach der Speicherung und Wägung in ein LSC Vial ermöglicht. Die Wahl fiel auf einen Schlenkkolben. Der Hahn dient als Gasauslass und der Gaseinlass ist wiederum eine Pasteurpipette, die fast bis zum Boden des Schlenks reicht. Die Wägung vor und nach des Speicherungsprozesses wird ohne Veränderungen am Schlenkkolben durchgeführt, so dass das Ergebnis genauer ist.

3.2. Verbrennung der Proben

Das Prozedere zur Verbrennung der Proben wurde gegenüber der Diplomarbeit [4] nur in Details modifiziert. Die Probe wird in ein Quarzglasschiffchen eingewogen und in einem Quarzglasrohr platziert. Das Quarzrohr ist auf der Gasauslassseite mit ca. 3 cm Hochtemperaturwolle gefüllt. Das Rohr wird im Normalfall in einen Klapprohrofen gelegt, dessen Temperatur genau eingestellt werden kann. An der Gaseinlassseite ist das Rohr mit einem Edelstahlstopfen gasdicht verschlossen. Durch dessen Anschluss wird ein Sauerstoffgasstrom eingeleitet. Die Gasauslassseite des Rohres ist verjüngt. An diese Verjüngung wird ein PVC-Schlauch angeschlossen, wobei der direkte Anschluss aus einem Stück Silikonschlauch besteht, da dieser temperaturresistenter ist. Der PVC-Schlauch mündet in einen Blasenzähler (optional auch zwei in Reihe geschaltet). Dessen Zweck ist die Abscheidung von Wasser und anderen Verunreinigungen während der Verbrennung. Dieser wird durch ein Wasserbad gekühlt. An ihm sind über weitere Schlauchverbindungen (PVC-Schlauch) drei Waschflaschen in Reihe geschaltet angeschlossen. Die erste enthält ca. 150 mL bidestilliertes Wasser, die anderen beiden je zwischen 150 mL und 200 mL 1 M Natronlauge. Das Volumen der Natronlauge richtet sich nach der benötigten Kapazität für Kohlenstoffdioxid. Der Aufbau ist in Abbildung 3.2 skizziert.

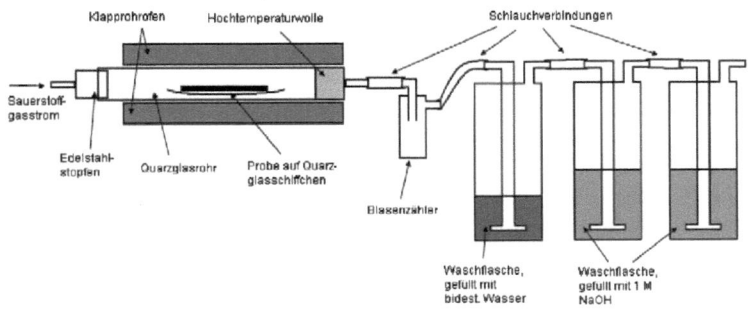

Abbildung 3.2.: Schema der Verbrennungsapparatur innerhalb der ^{14}C Analytik

Die genauen Bedingungen für die Verbrennung richten sich nach der Art der Probe und werden nachfolgend detailliert beschrieben. Nach der Verbrennung werden die beiden Volumina an Natronlauge vereinigt. Anschließend wird der pH-Wert mittels Teststreifen bestimmt (Alkalit, Hersteller: Merck). Liegt dieser höher als 11, muss der pH-Wert durch Zugabe von 5 M Ammoniumchloridlösung unter Rühren gesenkt werden. Übliche Mengen liegen zwischen 10 mL und 30 mL, je nach Sättigung der Natronlauge mit Kohlenstoffdioxid. Es wird aber immer nur so viel Ammoniumchloridlösung zugegeben, wie zum Erreichen eines pH-Werts von ca. 11 nötig ist, da sich ein Überschuss negativ auf die Ausbeute der nachfolgenden Fällung auswirkt [38]. Die Fällung wird durch Zugabe von 25 mL 5 M Calciumchloridlösung unter Rühren durchgeführt. Nach etwa einer halben Stunde wird der Ansatz von der Rührplatte genommen und man lässt den Niederschlag absitzen, um anschließend die Vollständigkeit der Fällung zu testen. Danach wird der Niederschlag abgesaugt und im Trockenschrank bei ca. 110 °C mindestens über Nacht getrocknet. Das ausgefällte Calciumcarbonat kann nach der vollständigen Trocknung zur Lagerung in LSC Vials gefüllt werden.

Folgende Materialien wurden im Rahmen dieser Arbeit bei den angegebenen Bedingungen verbrannt:

a) **Cellulose**

Bei der Verbrennung von Cellulose muss berücksichtigt werden, dass statt eines Sauerstoffzuerst ein Stickstoffgasstrom verwendet werden muss. Wird nur Sauerstoff verwendet, kommt es zu einer Verpuffung und der Edelstahlstopfen wird aus dem Quarzrohr geschleudert. Erhitzt man die Cellulose aber zuerst unter Stickstoff bei etwa 250 °C für ca. 1 Stunde, erreicht man ein Verkohlen der Cellulose. Anschließend wird auf Sauerstoff gewechselt und die verkohlten Reste verbrennen innerhalb von einer Stunde großteils. Zuletzt erhöht man die Temperatur noch für eine Stunde auf 650 °C. Dadurch werden die letzten Rückstände oxidiert und es verbleibt nur wenig weiße Asche. Die übliche Menge pro Verbrennung beträgt ca. 5 g Cellulose.

b) **Carrara Marmor und Calciumcarbonat**

Carrara Marmor besteht weitgehend aus Calciumcarbonat, deshalb können für beide Stoffe die gleichen Verbrennungsbedingungen verwendet werden. Die übliche Einwaage liegt bei etwa 12 g. Um Kohlenstoffdioxid aus Calciumcarbonat freizusetzen, muss eine deutlich höhere Temperatur als bei den anderen Verbrennungen eingestellt werden. Calciumcarbonat zersetzt sich bei etwa 900 °C [66] zu Calciumoxid und Kohlenstoffdioxid. Die Temperatur des Ofens wird deshalb auf 1000 °C eingestellt und diese Temperatur für 3 Stunden gehalten.

c) **Natriumhydrogencarbonat**

Die übliche Einwaage liegt bei etwa 17 g. Natriumhydrogencarbonat zersetzt sich schon bei Temperaturen ab 50 °C [9] zu Kohlenstoffdioxid, Wasser und Natriumcarbonat. Deswegen wird die Temperatur des Ofens langsam innerhalb von einer Stunde auf maximal 150 °C gesteigert und anschließend noch 2 Stunden gehalten.

d) **Oxalsäure**

Bei der Verbrennung von Oxalsäure muss der Aufbau der Verbrennungsapparatur noch etwas modifiziert werden, um eine möglichst hohe Ausbeute zu erzielen. Die übliche Einwaage liegt bei ca. 7 g. Oxalsäure zersetzt sich ab einer Temperatur von 157 °C [10] nach folgender Gleichung (3.1).

$$C_2H_2O_4 \xrightarrow{T > \sim 160\ °C} H_2O + CO_2 + CO \qquad (3.1)$$

Der in der Probe enthaltene Kohlenstoff wird also sowohl in Kohlenstoffdioxid als auch in Kohlenstoffmonoxid umgewandelt. Durch die zusätzliche Verwendung eines Katalysators kann das entstandene Kohlenstoffmonoxid zum Dioxid aufoxidiert werden. Als Katalysator kommen sowohl Kupfer(II)oxid als auch Aluminiumoxidpellets, die mit Platin (0,5 %) beschichtet sind, zum Einsatz. Der jeweilige Katalysator wird in ein zusätzliches Quarzrohr gefüllt und auf jeder Seite durch Hochtemperaturwolle in Position gehalten. Dieses Rohr mitsamt dem Katalysator wird in den Klapprohrofen gelegt und auf 500 °C (Pt-Katalysator) beziehungsweise 800 °C (CuO) erhitzt. Vor dieses Rohr wird das Quarzrohr mit der zu verbrennenden Oxalsäureprobe geschaltet. Da kein weiterer Ofen zur Verfügung stand, wurde die Erhitzung vorsichtig mittels eines Bunsenbrenners vorgenommen. Der restliche Aufbau entspricht dem allgemeinem Schema aus Abbildung 3.2. Das Erwärmen der Oxalsäure erfolgt so lange bis kein Rückstand mehr zu erkennen ist. Danach wird die Apparatur noch mindestens eine halbe Stunde weiterhin mit Sauerstoff gespült, um entstandenes Kohlenstoffdioxid vollständig in die Waschflaschen zu übertreiben.

e) **Elfenbein**

Elfenbein wird vor der Verbrennung mit destilliertem Wasser gewaschen und kurz im Trockenschrank getrocknet. Dann muss es in kleine, dünne Stücke gesägt oder gebrochen werden. Die Einwaage für eine Verbrennung beträgt maximal 20 g. Die Temperatur des Ofens wird zu Beginn der Verbrennung auf 250 °C eingestellt. Nach ca. einer Stunde ist das Elfenbein schwarz verfärbt und die Temperatur wird auf 650 °C erhöht. Nach insgesamt drei Stunden wird die Verbrennung beendet. Das Elfenbein ist dann meist großteils weiß bis leicht gräulich gefärbt.

Um die Verbrennung zu optimieren, wurde auch hier der Einsatz des Katalysators getestet. Dazu wurde im Verbrennungsrohr auf der Gasauslassseite der bereits beschriebene Platinkatalysator zwischen zwei Schichten Hochtemperaturwolle platziert. Im vorderen Bereich des Quarzrohrs wurde die Probe in einem Quarzschiffchen angeordnet. Die Anfangstemperatur wurde von 250 °C auf 400 °C erhöht, um die Wirkung des Katalysators zu verbessern. Nach einer Stunde wurde die Temperatur analog zur Verbrennung ohne Katalysator auf 650 °C erhöht. Die Gesamtverbrennungsdauer liegt auch hier bei etwa drei Stunden. Ein erster Vorteil des Katalysatoreinsatzes war, dass die Fritte der ersten Waschflasche kaum mehr durch vom Gasstrom mitgerissene Teilchen verdreckt worden ist, was ab und zu zu einer Verstopfung des Systems geführt hat. Zusätzlich stiegen die Ausbeuten der Verbrennung leicht an. Somit ist die Verbrennung mit Katalysator die bessere Wahl.

3.3. Aufarbeitung des Calciumcarbonats nach der Standardmethode

Mit Hilfe der Standardmethode ist es möglich, 2,4 g Kohlenstoffdioxid in 20 mL Oxysolve zu speichern. Zur Herstellung des LSC Messpräparats muss Kohlenstoffdioxid aus Calciumcarbonat freigesetzt und anschließend im Szintillationscocktail Oxysolve C-400 absorbiert werden. Dazu wird eine abgewogene Menge Calciumcarbonat in einen 100 mL Dreihalskolben überführt und in 10 mL bidestilliertem Wasser durch Rühren mittels eines Magnetrührfischs suspendiert. Der mittlere Hals des Kolbens wird mit einem Stopfen gasdicht verschlossen. Einer der Seitenhälse wird mit einem 100 mL Tropftrichter mit Druckausgleich ausgestattet, der mit verdünnter Salzsäure befüllt wird. Die Molarität und das Volumen richten sich nach den verwendeten Mengen an Calciumcarbonat. Auf den Tropftrichter wird ein Hahn gesteckt, der mit einer Stickstoffdruckflasche verbunden ist. Der zweite Seitenhals des Dreihalskolbens wird mit der Silbernitratfalle mittels eines PVC-Schlauchs verbunden. Diese bindet mögliche Salzsäuredämpfe. Sie besteht aus einem Schlenkkolben, der mit 15 mL 1 M Silbernitratlösung befüllt ist. Den Gaseinlass bildet eine Pasteurpipette. Diese reicht annähernd zum Boden des Schlenkkolbens. Als Gasauslass fungiert der Hahn des Schlenkkolbens. Dieser ist über einen weiteren PVC-Schlauch an ein Trockenrohr (Glasrohr; Länge: ca. 10 cm; Innendurchmesser: ca. 1 cm) angeschlossen. Als Trockenmittel dient wasserfreies Calciumchlorid, welches rechts und links durch Quarzwolle in Position gehalten wird. Durch das Trockenrohr wird möglicher Wasserdampf aus dem Gasstrom absorbiert, damit der Wägeprozess zur Ermittlung der im Oxysolve gespeicherten Kohlenstoffdioxidmasse nicht beeinflusst wird. Das Trockenrohr wird mittels eines PVC-Schlauchs mit einem weiteren Schlenkkolben verbunden. Dieser wird später mit 20 mL Oxysolve befüllt. In Abbildung 3.3 ist der Aufbau abgebildet.

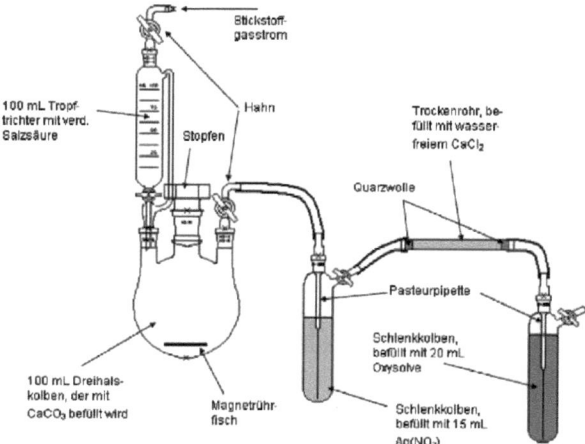

Abbildung 3.3.: Schema der Apparatur zur Herstellung der Messpräparate innerhalb der ^{14}C Analytik

Vor der Befüllung des zweiten Schlenkkolbens mit Oxysolve wird die Apparatur zuerst für mindestens 15 Minuten mit Stickstoff gespült. Anschließend wird die Leermasse des Schlenkkolbens mitsamt der Pasteurpipette bestimmt. Dann werden 20 mL Oxysolve mit einer Vollpipette in den Schlenkkolben gefüllt. Daraufhin wird erneut die Masse bestimmt. Nun wird der Stickstoffgasstrom abgestellt, der Hahn oben auf dem Tropftrichter geschlossen und der mit Oxysolve gefüllte Schlenkkolben in der Apparatur platziert und angeschlossen. Jetzt wird die verdünnte Salzsäure langsam zugetropft (ca. 25 - 30 Tropfen pro Minute) und dadurch Kohlenstoffdioxid aus dem Calciumcarbonat freigesetzt. Das Kohlenstoffdioxid strömt durch die Silbernitratfalle und das Trockenrohr in den mit Oxysolve befüllten Schlenkkolben. Dieser wird während der Reaktion mit einem Wasserbad gekühlt. Nachdem sich das Calciumcarbonat vollständig gelöst hat und keine Gasentwicklung mehr beobachtet werden kann, erfolgt eine Stickstoffspülung, um das Kohlenstoffdioxid aus den Schläuchen in den Oxysolve über zu treiben. Danach wird der mit Oxysolve befüllte Schlenkkolben aus dem Aufbau herausgenommen und gut abgetrocknet. Dann wird der Schlenkkolben erneut gewogen, um die Gewichtsdifferenz vor und nach der Kohlenstoffdioxidabsorption zu bestimmen, die der Masse an gespeichertem Kohlenstoffdioxid entspricht. Nun wird der Szintillationscocktail in ein vorher tariertes LSC Vial umgefüllt und dieses erneut gewogen. Aus den im Schlenkkolben und im LSC Vial enthaltenen Massen an Oxysolve kann die Ausbeute der Überführung berechnet werden und somit wieviel Kohlenstoffdioxid (bzw. Kohlenstoff) in dem im LSC Vial enthaltenem Oxysolve gespeichert ist. Das erstellte Präparat kann so im Quantulus gemessen werden. Die Messzeit beträgt im Normalfall 1000 Minuten.

3.3.1. Ermittlung der optimalen Masse an Calciumcarbonat

Um die für 20 mL Oxysolve angegebene maximal speicherbare Masse von 2,4 g Kohlenstoffdioxid zu erreichen, muss die verwendete Masse an Calciumcarbonat im Vergleich zur Diplomarbeit [4] erhöht werden. Ziel ist möglichst wenig Calciumcarbonat einzusetzen, da sich die benötigte Masse direkt auf die benötigte Masse an Rohelfenbein auswirkt. Um die gespeicherte Kohlenstoffdioxidmasse in Abhängigkeit der verwendeten Masse an Calciumcarbonat darzustellen, wurden 13 Proben mit Calciumcarbonatmassen zwischen 5,4 g und 8,5 g präpariert. Das verwendete Volumen an 3 M Salzsäure war pro Versuch maximal 100 mL. Die Tropfgeschwindigkeit wurde auf ca. 30 Tropfen pro Minute eingestellt. Nach dem vollständigen Lösen des Calciumcarbonats wurde die Apparatur noch 3 Minuten mit Stickstoff gespült. Anschließend wurde die Masse an gespeichertem Kohlenstoffdioxid per Wägung bestimmt.

Die ermittelten Daten sind in Abbildung 3.4 gegen die eingesetzte Masse an Calciumcarbonat aufgetragen. Zusätzlich wurde noch die Ausbeute an gespeichertem Kohlenstoffdioxid η_{chem,CO_2} berechnet. Dazu wird die gespeicherte Masse an Kohlenstoffdioxid, m(CO_2,gesp) durch die insgesamt pro Versuch zur Verfügung stehende Kohlenstoffdioxidmasse m(CO_2,ges) geteilt. Diese ergibt sich aus der jeweils eingesetzten Masse an Calciumcarbonat m($CaCO_3$) und der Verwendung der molaren Massen von Kohlenstoffdioxid M(CO_2) und Calciumcarbonat M($CaCO_3$). Die zugehörige Gleichung (3.2) lautet:

$$\eta_{chem,CO_2} = \frac{m(CO_2,gesp)}{m(CO_2,ges)} = \frac{m(CO_2,gesp)}{m(CaCO_3) \cdot \frac{M(CO_2)}{M(CaCO_3)}} \tag{3.2}$$

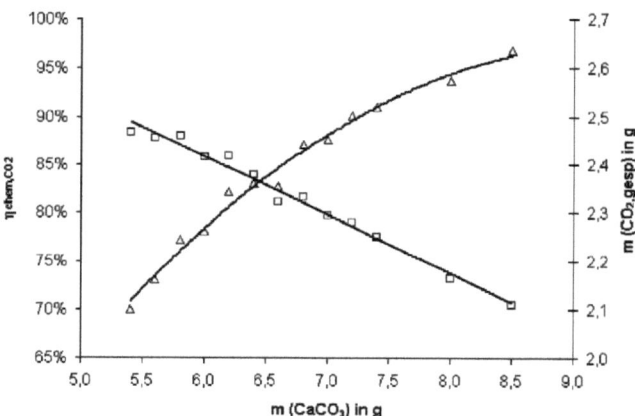

Abbildung 3.4.: Gespeicherte Masse (△) und Ausbeute (□) an Kohlenstoffdioxid in Abhängigkeit der eingesetzten Masse an Calciumcarbonat

Entgegen den Angaben des Datenblatts von Oxysolve [70] geht die maximale Masse an gespeichertem Kohlenstoffdioxid in einem Volumen von 20 mL über die Angabe von maximal 2,4 g hinaus. Weiterhin kann man erkennen, dass die Absorption von Kohlenstoffdioxid mit zunehmender Sättigung des Oxysolve kleiner wird. Daraus ergibt sich, dass die Ausbeute an gespeichertem Kohlenstoffdioxid mit zunehmender Calciumcarbonatmasse sinkt.
Für die weiteren Präparationen werden ab diesem Zeitpunkt 6,70 g Calciumcarbonat verwendet. Zur Freisetzung von Kohlenstoffdioxid werden 65 mL 3 M Salzsäure benötigt. Dadurch

wird in den Präparaten im Normalfall eine Masse von 2,4 g Kohlenstoffdioxid gespeichert. Diese Methode wird im weiteren Text als die *Standardmethode* zur Herstellung von ^{14}C Messpräparaten bezeichnet. Gegenüber der bisherigen Methode aus der Diplomarbeit [4] konnte die Masse an Kohlenstoffdioxid im Messpräparat von ca. 1,8 g auf ca. 2,4 g erhöht werden, was einer Steigerung von ca. 33 % entspricht.

3.3.2. Test der Reproduzierbarkeit der Absorption von Kohlenstoffdioxid in Oxysolve

In diesem Schritt soll überprüft werden inwieweit die gespeicherte Masse an Kohlenstoffdioxid, ermittelt durch Wägung, mit der tatsächlich gespeicherten Menge an Kohlenstoffdioxid übereinstimmt. Eine einfache Methode, die Informationen über die tatsächlich absorbierte Masse an Kohlenstoffdioxid liefert, war der Einsatz von mit ^{14}C markiertem Kohlenstoffdioxid. Für alle Präparationen in diesem Zusammenhang wurde deswegen ein mit ^{14}C gespikter Calciumcarbonatniederschlag hergestellt. Dazu wurde ein Volumen von 1 L 1 M Natronlauge mit 4,5 mL einer ^{14}C Tracer Lösung ($a(^{14}C) = 47{,}43$ Bq/mL am 25.6.1991) versetzt. Zusätzlich wurden 110,2 g Natriumcarbonat als Träger zugegeben. Diese Lösung wurde für eine Stunde mittels Magnetrührer gerührt. Danach wurde der pH-Wert mit 280 mL 5 M Ammoniumchlorid auf 11 eingestellt. Anschließend erfolgte die Fällung von Calciumcarbonat durch Zugabe von 210 mL 5 M Calciumchloridlösung. Der Niederschlag wurde abgesaugt und für eine Woche im Trockenschrank bei ca. 120 °C getrocknet. Die Wägung ergab eine Gesamtmasse von 104,9 g Calciumcarbonat. Diese Masse stimmt sehr gut mit der maximal theoretisch möglichen Masse an Calciumcarbonat überein, so dass davon ausgegangen werden kann, dass die Fällung vollständig gewesen ist und die gesamte eingesetzte Aktivität an ^{14}C erfasst worden ist. Unter Berücksichtigung der Unsicherheiten ergibt sich für die spezifische Aktivität von ^{14}C bezogen auf die Masse an Calciumcarbonat ein Wert von $(17{,}0 \pm 0{,}8)$ Bq/g (am 25.6.1991). Nach dem gleichen Verfahren wurde zusätzlich noch nicht gespiktes Calciumcarbonat hergestellt, welches zur Bestimmung des Nulleffekts dient.

Mit dem ^{14}C-haltigem Calciumcarbonat wurden sieben Präparate hergestellt. Bei allen wurde eine Masse von 6,700 g an gespiktem Calciumcarbonat eingesetzt. In Tabelle 3.1 sind die pro Vial gespeicherte Masse an Kohlenstoff $m_i(C)$, der daraus berechnete Mittelwert $m(C)$ sowie die Standardabweichung s zusammengefasst.

Tabelle 3.1.: Übersicht der mit ^{14}C gespikten Messpräparate. $m_i(C)$ entspricht der pro Vial gespeicherten Kohlenstoffmasse, $m(C)$ ist der Mittelwert aller Kohlenstoffmassen und s die zugehörige Standardabweichung

Probe	$m_i(C)$ / g
#1	0,624
#2	0,633
#3	0,627
#4	0,629
#5	0,631
#6	0,631
#7	0,625
$m(C)$	0,629
s	0,003

Die erzeugten Präparate wurden im Zeitraum von etwa einem Monat je 10 mal für 100 min gemessen. Aus den erhaltenen Spektren wurde die Bruttozählrate R_i' für ein ROI von Kanalnummer 60 bis 400 bestimmt. Die Bruttozählrate R_i' wird nun zum einen auf den Mittelwert der gespeicherten Kohlenstoffmassen $m(C)$ normiert und zum anderen auf die jeweils individuelle Kohlenstoffmasse $m_i(C)$. Die erhaltenen Größen werden mit R_i'/$m(C)$ bzw. R_i'/$m_i(C)$ bezeichnet. In Abbildung 3.5 sind zwei Diagramme gezeigt. Das obere, mit A bezeichnete Diagramm, enthält die Bruttozählraten normiert auf die gemittelte Kohlenstoffmasse R_i'/$m(C)$ und das untere (B) enthält die Bruttozählraten normiert auf die individuelle Kohlenstoffmasse R_i'/$m_i(C)$. Die durchgezogene Linie ergibt den Mittelwert aus allen Einzelmessungen der verschiedenen Proben. Die gestrichelten Linien zeigen den Vertrauensbereich, berechnet für ein Vertrauensniveau von 95 %.

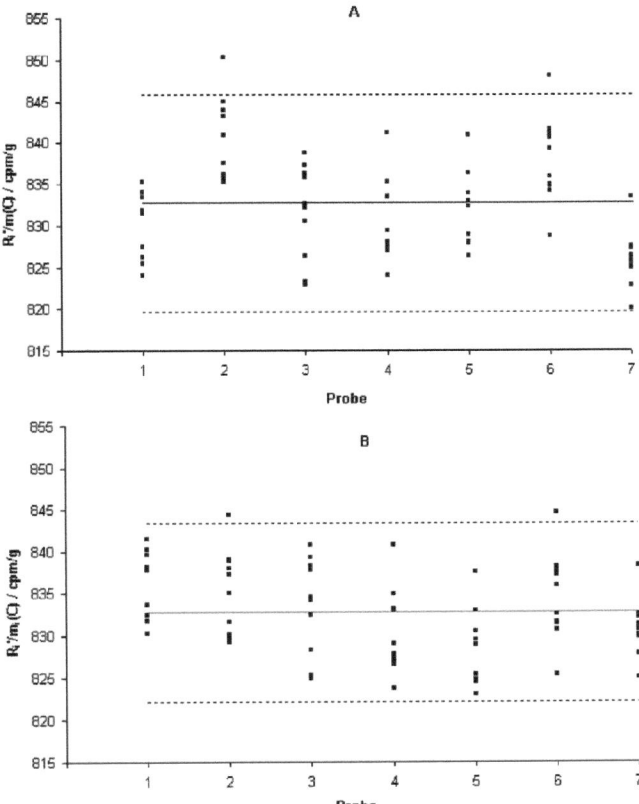

Abbildung 3.5.: Messdaten der mit ^{14}C gespikten Präparate. In Abbildung A ist die Bruttozählrate R_i auf die gemittelte Kohlenstoffmasse m(C) normiert. In Abbildung B erfolgt die Normierung auf die individuell gespeicherte Kohlenstoffmasse m_i(C). Die durchgezogenen Linien entsprechen dem Mittelwert und die gestrichelten Linien dem Vertrauensbereich (Vertrauensniveau von 95 %)

Vergleicht man die Werte von Präparat #2 im Diagramm A mit den anderen Proben, lässt sich gut erkennen, dass die höchste gespeicherte Kohlenstoffmasse innerhalb der sieben Präparate auch die höchsten Zählraten liefert. In Präparat #7 dagegen ist eine im Vergleich geringe Kohlenstoffmasse gespeichert und dementsprechend sind die Zählraten geringer. Noch deutlicher wird der Zusammenhang zwischen gespeicherter Masse an Kohlenstoff im Präparat und der gemessenen Zählrate, wenn man die Werte in Diagramm A und B vergleicht. Es zeigt sich, dass die Verwendung der individuell gespeicherten Kohlenstoffmasse die normierten Zählraten ähnlicher werden lässt. Berechnet man den Mittelwert und die Standardabweichung für die in Diagramm A abgebildeten Werte erhält man (832,8 ± 6,7) cpm/g. Für die Werte aus Diagramm B ergeben sich (832,8 ± 5,4) cpm/g. Damit ist gezeigt, dass die geringen Unterschiede der ermittelten gespeicherten Kohlenstoffmassen tatsächlich mit der gespeicherten Kohlenstoffmasse in Beziehung stehen. Daher kann die Unsicherheit der Bestimmung der Kohlenstoffmasse zumindest in guter Näherung auf die Bestimmungsunsicherheit der Waage reduziert werden. Diese wurde durch wiederholtes Wiegen eines befüllten Schlenkkolbens bestimmt und hat einen Wert von 0,1 %. Dieser Wert kann nun anstatt den bisher eingesetzten 2,0 % verwendet werden.

Durch dieses Ergebnis und durch die gesteigerte Masse an speicherbarem Kohlenstoffdioxid von ca. 1,8 g auf ca. 2,4 g konnte die Unsicherheit der Bestimmung des ^{14}C Gehalts auf etwa 5 % (Vertrauensniveau 95 %) verringert werden.

3.3.3. Test der Langzeitstabilität der Messpräparate

Eine weitere noch nicht untersuchte Eigenschaft war die Konstanz der gemessen Zählrate in Abhängigkeit des Alters eines Präparats. Die normalen LSC Vials sind nämlich nicht absolut dicht gegenüber Oxysolve. Nach mehr als zwei Wochen Standzeit macht sich ein "Schwitzen" der Vials bemerkbar. Versuche zur Verwendung von SLD (super low diffusion) Vials (www.zinsser-analytics.com) schlugen fehl, da die Beschichtung der Vials von Oxysolve angegriffen wird. Glasvials sind zwar eine weitere Alternative, allerdings befinden sich im Glas immer Spuren von Kalium und damit auch ^{40}K. Dieses Radionuklid erhöht den Untergrund der Messung und verringert damit die Empfindlichkeit.

Ein Präparat wurde im Zeitraum von einem Monat mehrmals je 1000 min gemessen. Die Aktivität von ^{14}C im LSC Vial entsprach den üblichen Datierungsproben und lag bei ca. 0,14 Bq. In Abbildung 3.6 ist die gemessene Bruttozählrate (ROI: 50-400) gegen die Zeit, die seit der Herstellung des Präparats bis zum Zeitpunkt des Messbeginns vergangen ist, aufgetragen.

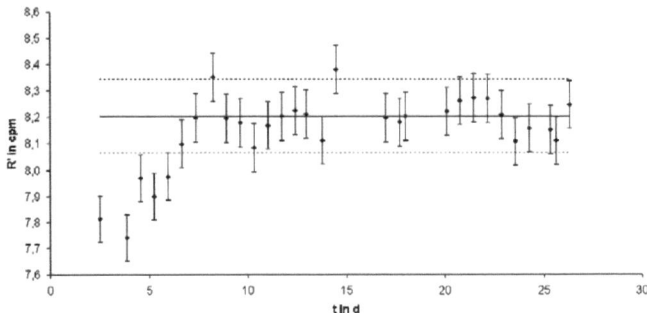

Abbildung 3.6.: Auftragung der Bruttozählrate R' eines Präparats gegen die Zeit t, die seit der Herstellung bis zum Zeitpunkt des Messbeginns vergangen ist. Die durchgezogene Linie ist der Mittelwert aus den Bruttozählraten ab der sechsten Messung. Die gestrichelten Linien ergeben den Vertrauensbereich (Vertrauensniveau von 95 %)

Die durchgezogene Linie ist der Mittelwert aus den Bruttozählraten ab der sechsten Messung. Die gestrichelten Linien zeigen den Vertrauensbereich (Vertrauensniveau von 95 %). Wie in der Abbildung zu sehen ist, liegen die Zählraten der ersten fünf Messungen außerhalb des ermittelten Vertrauensbereichs. Die Bruttozählraten aller folgenden Messungen liegen innerhalb des Vertrauensbereichs. Dieser Versuch wurde mit zwei weiteren Messpräparaten wiederholt und lieferte sehr ähnliche Ergebnisse. Die Messpräparate müssen also vor der Messung zuerst 1 Woche gelagert werden und können anschließend innerhalb eines Zeitraums von ca. 3 Wochen gemessen werden. In diesem Zeitraum ist die erhaltene Zählrate konstant und die Undichtigkeit der normalen LSC Vials wirkt sich nicht negativ auf das Messergebnis aus.

3.4. Aufarbeitung des Calciumcarbonats nach der optimierten Methode

Die optimierte Methode erlaubt es, die gespeicherte Masse an Kohlenstoffdioxid in 20 mL Oxysolve auf knapp 3 g zu erhöhen. Stangl [50] stellte im Rahmen seiner Diplomarbeit ausgehend von den bisherigen Arbeiten fest, dass die maximal in Oxysolve speicherbare Menge an Kohlenstoffdioxid bei ca. 3,0 g liegt, was einer Kohlenstoffmasse von ca. 0,82 g entspricht.

Diesen Wert bestimmte er durch direktes Einleiten von reinem Kohlenstoffdioxid aus einer Druckgasflasche in Oxysolve. Die absorbierte Masse wurde wie unter Punkt 3.3 beschrieben durch Wägung des Schlenkkolbens vor und nach der Absorption bestimmt. Der Wert von ca. 3,0 g konnte in weiteren Versuchen reproduziert werden. Da eine weitere Erhöhung der speicherbaren Kohlenstoffdioxidmasse die Unsicherheit der Messung und damit die Gesamtunsicherheit weiter reduziert, wurde diese Variante weiter getestet und optimiert. Stangl braucht für ein Messpräparat eine Calciumcarbonatmasse von 9,2 g und eine Präparationsdauer von ca. 2 Stunden. Ziel ist es, die benötigte Masse an Calciumcarbonat möglichst zu minimieren, die Präparationsdauer zu verringern und die Langzeitstabilität dieser Präparate zu testen. Weiterhin verwendet Stangl einen Rührfisch im Schlenkkolben zur besseren Durchmischung des Szintillationscocktails während der Absorption des Kohlenstoffdioxids. Deswegen soll getestet werden, ob sich die Umwälzung des Oxysolve tatsächlich positiv auf die Absorption auswirkt.

3.4.1. Ermittlung der optimalen Bedingungen zur Speicherung von Kohlenstoffdioxid

Zuerst wurden weitere Versuche mit reinem Kohlenstoffdioxid aus einer Druckgasflasche unternommen. Dieses wurde ohne vorherige Reinigung direkt aus der Druckgasflasche in einen mit Oxysolve gefüllten Schlenkkolben geleitet. Alle zwei Minuten wurde die Zeit angehalten (Stoppuhr), der Schlenkkolben dem Aufbau entnommen und eine Wägung durchgeführt. Dann wurde der Schlenkkolben wieder an die Druckgasflasche angeschlossen und die Stoppuhr wieder eingeschaltet. Die Einstellung des Gasflusses wurde in der Zwischenzeit nicht verändert, so dass davon ausgegangen werden kann, dass dieser über die Versuchsdauer konstant war. Zusätzlich war am Gasauslass des Schlenkkolbens eine mit Wasser gefüllte Waschflasche angeschlossen, um den Gasfluss nach dem Schlenkkolben beobachten zu können. Die variierten Versuchsbedingungen waren unterschiedliche Flussraten des Kohlenstoffdioxidgasstroms und das Rühren bzw. nicht Rühren des Oxysolve. Die Flussrate des Kohlenstoffdioxidgasstroms wirkt sich auf die Zeit aus, die benötigt wird, um die etwa 3,0 g Kohlenstoffdioxid in Oxysolve zu absorbieren. Während der Versuche zeigte sich, dass am Beginn der Reaktion das Kohlenstoffdioxid scheinbar quantitativ gespeichert wird, da in der nachgeschalteten Waschflasche keinerlei Gasblasen beobachtet werden konnten. Erst mit zunehmender Sättigung, optisch erkennbar an der zunehmenden Viskosität des Oxysolve, wird nicht mehr das komplette Kohlenstoffdioxid absorbiert und es können Gasblasen in der Waschflasche beobachtet werden. Unter der Annahme der quantitativen Speicherung von Kohlenstoffdioxid am Beginn der Reaktion, kann der Fluss des Kohlenstoffdioxidgasstroms in g/min berechnet werden. Da der Fluss während eines Versuchs konstant war, kann die über die Versuchsdauer eingesetzte Masse an Kohlenstoffdioxid berechnet werden. Später soll das Kohlenstoffdioxid aber aus Calciumcarbonat freigesetzt werden. Deswegen wird die eingesetzte Masse an Kohlenstoffdioxid in die entsprechende Masse an Calciumcarbonat umgerechnet (über die molaren Massen). Nun kann die in Oxysolve gespeicherte Masse an Kohlenstoffdioxid, m(CO_2, Oxysolve), gegen die berechnete Masse an Calciumcarbonat, m($BaCO_3$, berechnet), aufgetragen werden. Dies ist in Abbildung 3.7 für drei verschiedene Versuchsbedingungen gezeigt.

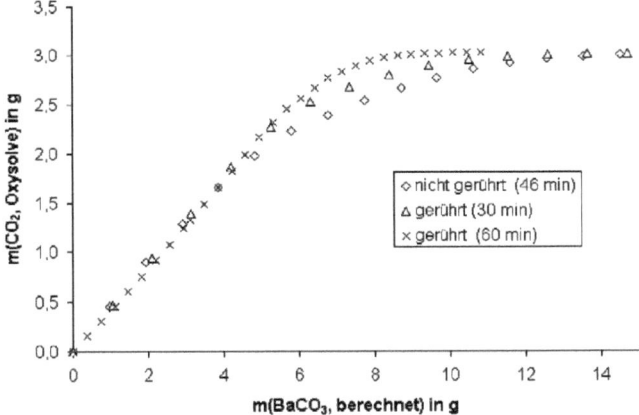

Abbildung 3.7.: Speicherung von Kohlenstoffdioxid in Oxysolve in Abhängigkeit der berechneten Masse an Calciumcarbonat bei verschiedenen Bedingungen

In dieser kann man erkennen, dass die Absorption von Kohlenstoffdioxid am Anfang linear ansteigt und sich die drei unterschiedlichen Versuchsbedingungen praktisch nicht unterscheiden lassen. Erst bei einer gespeicherten Kohlenstoffdioxidmasse von etwa 2,0 g flacht die Kurve für den nicht gerührten Versuch (◊) ab. Beide gerührten Präparate können das Kohlenstoffdioxid ab diesem Zeitpunkt besser aufnehmen, obwohl bei einem (△) sogar ein höherer Gasfluss verwendet worden ist, was sich in der kürzeren Präparationszeit von nur 30 min ausdrückt. Allerdings wäre bei einer 30-minütigen Versuchsdauer eine Masse von etwa 12 g Calciumcarbonat nötig, um eine Sättigung des Oxysolve zu erreichen. Die Kurve des Versuchsaufbaus mit Rühren und verringertem Gasfluss (X) zeigt die längste lineare Aufnahme von Kohlenstoffdioxid. Erst bei etwa 2,5 g an gespeicherter Kohlenstoffdioxidmasse wird die Kurve flacher. Mit einer Calciumcarbonatmasse von etwa 9 g sollte es also möglich sein, innerhalb von ca. 1 Stunde die Sättigung des Oxysolve mit ca. 3 g Kohlenstoffdioxid zu bewerkstelligen.

Ausgehend von diesen Daten wurden nun einige Versuche mit verschiedenen Calciumcarbonatmassen durchgeführt. Diese lagen in einem Bereich von 7,0 g bis 9,5 g. Die gespeicherten Kohlenstoffdioxidmassen variierten zwischen 2,4 und 2,8 g. Damit fiel die gespeicherte Kohlenstoffdioxidmasse zum einen niedriger als erwartet aus, zum anderen waren die Versuche auch nicht reproduzierbar und die absorbierte Masse an Kohlenstoffdioxid schwankte trotz Verwendung der gleichen Masse an Calciumcarbonat erheblich. Als kritischer Punkt konnte die Stickstoffspülung als letzter Schritt bei der Speicherung ausgemacht werden. Wurde die Stickstoffspülung am Ende ausgelassen, waren die gespeicherten Massen an Kohlenstoffdioxid höher und auch reproduzierbar. Der Grund für dieses Phänomen liegt an den unterschiedlichen Absorptionsarten von Kohlenstoffdioxid in Oxysolve. Bis zu einer Masse von 2,4 g Kohlenstoffdioxid erfolgt eine chemische Absorption durch Carbamatbildung. Darüber hinaus wird Kohlenstoffdioxid nur noch physikalisch gebunden. Durch den Stickstoffgasstrom am Ende der Speicherung wird das physikalisch gebundene Kohlenstoffdioxid aus dem Oxysolve ausgetrieben. Dies führte zu den schwankenden Ergebnissen für die gespeicherte Kohlenstoffdioxidmasse trotz identischer Masse an Calciumcarbonat. Der Stickstoffgasstrom wird deswegen bei der optimierten Methode auf 2 min begrenzt bei einer Flussrate von ca. 7 L/h. Somit kann zumindest ein Teil des in den Leitungen befindlichen Kohlenstoffdioxids noch zum Oxysolve befördert werden und das Austreiben des bereits gespeicherten Kohlenstoffdioxids durch Stickstoff wird vermieden.

Außerdem wurde die bis jetzt verwendete 3 M Salzsäure durch 2 M Salzsäure ersetzt und die Tropfgeschwindigkeit erhöht (ca. 40 Tropfen pro Minute). Dies hat zur Folge, dass die Freisetzung von Kohlenstoffdioxid in etwa gleich schnell abläuft, der Gasfluss aber gleichmäßiger ist. Nach weiteren Versuchen stellte sich heraus, dass mit einer Masse an Calciumcarbonat von 9,0 g im Mittel ca. 2,95 g Kohlenstoffdioxid in Oxysolve absorbiert werden. Das zum Lösen des Calciumcarbonats notwendige Volumen an 2 M Salzsäure beträgt 95 mL. Die Dauer zur Herstellung eines Präparats beträgt ca. 1 Stunde. Dieses Prozedere wird im weiteren Text als *optimierte Methode* zur Herstellung von ^{14}C Messpräparaten bezeichnet. Die standardmäßige Messzeit beträgt wie bei den Präparaten nach der Standardmethode 1000 min. Die Unsicherheit der Bestimmung des ^{14}C Gehalts konnte dadurch weiter reduziert werden und liegt bei etwa 4 % (Vertrauensniveau 95 %).

3.4.2. Test der Langzeitstabilität der Messpräparate

Auch die Messpräparate, hergestellt nach der optimierten Methode, wurden einer Langzeitmessung unterzogen. Dazu wurde ein Präparat unter der Verwendung von mit ^{14}C gespiktem Calciumcarbonat hergestellt. Die im LSC Vial enthaltene Aktivität an ^{14}C betrug ca. 6 Bq. Die Messzeit war 100 min je Messung. Das ROI, in dem die Zählraten ermittelt wurden, reicht von Kanal 70 bis 370. In Abbildung 3.8 ist die gemessene Bruttozählrate gegen die Zeit, die seit der Herstellung des Präparats bis zum Zeitpunkt des Messbeginns vergangen ist, aufgetragen.

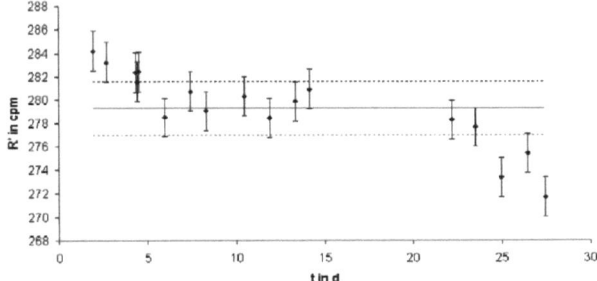

Abbildung 3.8.: Auftragung der Bruttozählrate R' eines Präparats gegen die Zeit t, die seit der Herstellung bis zum Zeitpunkt des Messbeginns vergangen ist. Die durchgezogene Linie ist der Mittelwert aus den Bruttozählraten ab der sechsten Messung bis zur 14. Messung. Die gestrichelten Linien ergeben den Vertrauensbereich (Vertrauensniveau von 95 %)

Die durchgezogene Linie ist der Mittelwert aus den Bruttozählraten ab der sechsten Messung bis zur 14. Messung. Die gestrichelten Linien zeigen den Vertrauensbereich (Vertrauensniveau von 95 %). Wie in der Abbildung zu sehen ist, liegen die Zählraten der ersten fünf Messungen außerhalb des ermittelten Vertrauensbereichs. Das Gleiche gilt für die letzten drei Messungen. Die Bruttozählraten der dazwischen liegenden Messungen befinden sich innerhalb des Vertrauensbereichs. Die Messpräparate müssen also vor der Messung zuerst knapp eine Woche gelagert werden und können anschließend innerhalb eines Zeitraums von ca. 2 Wochen gemessen werden. In diesem Zeitraum ist die erhaltene Zählrate konstant und die Undichtigkeit der normalen LSC Vials wirkt sich nicht negativ aus. Der nur physikalisch gebundene Anteil des gespeicherten Kohlenstoffdioxids scheint zumindest eine gewisse Zeit ausreichend fest gebunden zu sein. Erst nach ca. 3 Wochen konnte ein leichtes Absinken der Zählrate beobachtet werden.

4. Thoriumanalytik: Durchführung und Optimierungen

4.1. Ausgangslage

Die Grundlagen der hier verwendeten Thoriumanalytik basieren auf der Arbeit von Kluge [24], der die Abtrennung von Thorium aus verschiedenen Matrices, hauptsächlich Urin, beschreibt. Kandlbinder [18] hat diese Methode in leicht angepasster Form zur Abtrennung von Thorium aus Knochenasche erfolgreich eingesetzt. Zuerst muss die zu analysierende Probe vollständig verascht und die Asche anschließend in Lösung gebracht werden. Die eigentliche Abtrennung des Thoriums umfasst zwei Schritte. Zuerst wird das Thorium extraktionschromatographisch mit Hilfe einer TOPO-Säule (Tri-n-octylphosphinoxid) aufkonzentriert. Dieser Schritt ist aber nicht sehr selektiv und deswegen muss das Thorium weiter gereinigt werden. Dies erfolgt durch Ionenaustauschchromatographie mit Hilfe einer TEVA-Säule (Hersteller: Eichrom; www.eichrom.com). Die darauf erhaltene Lösung kann zur Herstellung eines Dünnschichtpräparats zur Messung mittels α-Spektrometrie direkt elektroplattiert werden. Eine kurze Übersicht der Analyseschritte ist in Abbildung 4.1 gegeben.

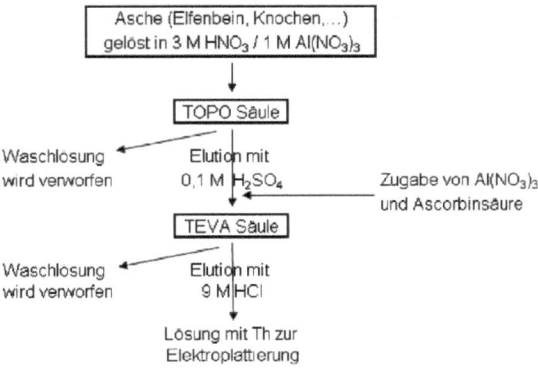

Abbildung 4.1.: Schema der Thorium Analytik

Ein großer Vorteil dieser Methode ist der überschaubare Einsatz an Chemikalien, speziell an organischen Lösungsmitteln, verglichen mit der flüssig-flüssig Extraktion. Außerdem erreicht die Methode gute Dekontaminationsfaktoren [24]. Ein Nachteil ist die schlechte Ausbeute bei bestimmten Probenarten. Während Kluge [24] für viele Matrices (Urin, Sediment, ...) Ausbeuten zwischen 80 % und 90 % erreicht, sind die Ausbeuten der Analytik für Knochenasche deutlich geringer. Kluge erreicht maximal Ausbeuten von 37 % und Kandlbinder erzielt Ausbeuten um etwa 50 % beim Einsatz von 20 g Knochenasche [18]. Eigene Versuche mit 10 g Elfenbeinasche lieferten Ausbeuten bis maximal 60 %. Bei den geringen zu messenden Aktivitäten reduziert eine gesteigerte Ausbeute die Messunsicherheit deutlich und damit sinkt letztendlich auch die Unsicherheit bei der Bestimmung der Aktivitäten der einzelnen Thoriumnuklide. Weiterhin verringert sich durch eine höhere Ausbeute die erreichbare Nachweisgrenze bezogen auf die eingesetzte Aschemasse. Deshalb soll die Ausbeute der Thoriumanalytik möglichst gesteigert werden.

4.2. Durchführung der Thoriumanalytik

4.2.1. Veraschung der Proben

Um eine Probe für die Thoriumbestimmung zugänglich zu machen, muss zuerst die gesamte organische Probenmatrix entfernt werden. Dazu wird die Probe in eine Quarzschale eingewogen und mindestens über Nacht bei 650 °C im Muffelofen getempert. Elfenbein verfärbt sich bei dieser Prozedur in ein helles Grau. Elfenbein, das bereits zur ^{14}C Bestimmung verbrannt worden ist, wird ebenfalls über Nacht bei 650 °C im Ofen getempert. Nach dem Abkühlen werden die Überreste mit einem Pistill fein zerrieben. Dann wird die Quarzschale auf ein Sandbad gestellt und die darin enthaltene Probe mit konz. Salpetersäure abgeraucht. Die Menge richtet sich nach der Probenmasse und soll die Probe nahezu komplett bedecken. Die Quarzschale wird so lange auf dem Sandbad gelassen, bis die Probe komplett trocken ist. Anschließend wird die Quarzschale wieder für eine Nacht bei 650 °C in den Ofen gestellt. Am nächsten Tag wird die Probe nach dem Abkühlen erneut zerrieben. Ist die Asche noch nicht komplett weiß, wird der Schritt des Abrauchens mit konz. Salpetersäure wiederholt. Wenn die Asche komplett weiß ist, wird sie auf dem Sandbad mit konz. Salzsäure abgeraucht. Die Menge richtet sich wiederum nach der Aschenmasse. Anschließend kommt die Quarzschale erneut in einen Muffelofen bei 650 °C. Am nächsten Tag wird die Asche zerrieben und kann in dieser Form für die Thoriumabtrennung verwendet werden.

4.2.2. Herstellung des TOPO Säulenmaterials

Beim TOPO Säulenmaterial handelt es sich um silanisiertes Kieselgur (Trägermaterial), das mit TOPO (Tri-n-octylphosphinoxid) imprägniert ist. Dieses Säulenmaterial muss selbst hergestellt werden. Die Vorgehensweise orientiert sich an den von Kluge [24] und Kandlbinder [18] entworfenen Vorschriften. 25 g TOPO werden in 50 mL Toluol in einem Becherglas möglichst vollständig unter Rühren gelöst und dann mit 200 mL Aceton verdünnt. In einem 1 L Rundkolben werden 50 g silanisiertes Kieselgur (Chromosorb-W/AW-DMCS; Hersteller: Sigma-Aldrich) vorgelegt und mit der TOPO-haltigen Lösung versetzt. Der Rundkolben wird in eine Schüttelmaschine eingespannt und für ca. 1 h geschüttelt. Anschließend werden die organischen Lösungsmittel großteils mit Hilfe eines Rotationsverdampfers abrotiert. Der Rundkolben wird dann bei ca. 50 °C in einen Trockenschrank gestellt, bis das Material weitgehend trocken ist. Dann wird das Material in ein Becherglas überführt, mit 200 mL bidestilliertem Wasser und 200 mL 1 M Salpetersäure versetzt und etwa eine Stunde gekocht. Danach wird die überstehende Lösung nach dem Absitzen des Materials abdekantiert. Das feuchte Material wird nun mit 200 mL 3 M Salpetersäure aufgeschlämmt und kann so in einer Kautexflasche gelagert werden.

4.2.3. Extraktionschromatographische Aufkonzentrierung des Thoriums mittels TOPO-Säule

Von der bereitgestellten Probenasche wird ein Aliquot entnommen, mit dem ^{229}Th Ausbeutetracer (zwischen 30 und 50 mBq) versetzt und in 3 M Salpetersäure / 1 M Aluminiumnitrat gelöst. Für 10 g Asche werden ca. 100 mL Lösung benötigt. Zur vollständigen Lösung ist meist Erhitzen nötig. In der Zwischenzeit wird eine Polypropylensäule (V=6 mL, Hersteller: Biotage) mit einer passenden Polyethylenfritte (Typ C, Hersteller: Biotage) bestückt und auf einen dazugehörigen Teflonhahn (Hersteller: Biotage) gesteckt. Die glatte Seite der Fritte muss nach unten zeigen. Dann wird mit einer Pipette das zuvor hergestellte TOPO Säulenmaterial zugegeben, bis das Material nach Absitzen eine Füllhöhe von ca. 1,6 cm aufweist. Das Säulenmaterial wird von oben mit einer zweiten Fritte bedeckt, die leicht angedrückt wird. Diesmal zeigt die raue Seite nach unten. Bei geöffnetem Hahn läuft die mit dem Säulenmaterial einpipettierte Flüssigkeit ab. Das Andrücken verhindert die Bildung von Kanälen im Säulenmaterial, durch die die Probe nachher ohne die gewünschte Wechselwirkung durchlaufen kann [24]. Anschließend wird die Säule mit 2 mal 5 ml 1 M Salpetersäure konditioniert. Die Flussgeschwindigkeit beträgt ca. 2 mL/min. Danach kann die abgekühlte Probenlösung aufgebracht werden. Hier muss die Flussgeschwindigkeit kleiner 1 mL/min sein. Das Thorium lagert sich als Nitratkomplex ($[Th(NO_3)_4]$) [28] an das TOPO-Material an und verbleibt deswegen auf der Säule. Nachdem die komplette Probelösung aufgegeben worden ist, wird die Säule mit 4 mal 5 mL 1 M Salpetersäure nachgespült. Nun kann das auf der Säule gebundene Thorium mit Hilfe von 10 mL 0,1 M Schwefelsäure eluiert werden.

4.2.4. Aufreinigung des Thoriums mittels TEVA-Säule

Die aus dem vorherigen Schritt erhaltene Elutionslösung wird mit 4 g Aluminiumnitrat-nonahydrat und 0,05 g Ascorbinsäure versetzt. Eine Polypropylensäule (V=3 mL, Hersteller: Biotage) wird mit einer passenden Polyethylenfritte (Typ B, Hersteller: Biotage) bestückt, wobei die raue Seite nach oben zeigt. Dann wird die Säule mit 150 mg des Ionenaustauschers TEVA (Hersteller: Eichrom) befüllt. Das Material wird mit bidestilliertem Wasser aufgeschlämmt und die Säule mit einer weiteren Fritte (raue Seite nach unten) verschlossen. Das TEVA Material wird so für mindestens 15 min zum Quellen stehen gelassen. Danach wird die Säule auf einen passenden Teflonhahn gesteckt (Hersteller: Biotage) und die obere Fritte bei geöffnetem Hahn nach unten gedrückt bis das TEVA Material fest zwischen den beiden Fritten eingeschlossen ist. Das in der Säule enthaltene Wasser läuft daraufhin ab. Nun wird die Säule mit 2 mal 2,5 mL 3 M Salpetersäure konditioniert. Jetzt kann die mit Aluminiumnitrat-nonahydrat und Ascorbinsäure versetzte Elutionslösung aufgetragen werden. Das TEVA-Material enthält als aktive Komponente ein aliphatisches quartäres Amin (Aliquat 336) [7]. Diese Verbindung bindet besonders Nitratkomplexe tetravalenter Ionen und somit auch das Thorium ($[Th(NO_3)_6]^{2-}$) [15]. Es folgt ein Spülvorgang mit 4 mal 2,5 mL 3 M Salpetersäure. Anschließend wird das auf der Säule verbleibende Thorium mit 2 mL 9 M Salzsäure in einen Teflonbecher eluiert.

4.2.5. Elektroplattierung des Thoriums

Die Elektroplattierung des Thoriums erfolgt mit der von Kluge [24] entwickelten Elektrolysezelle nach der Sulfatmethode. Die Elutionslösung nach der TEVA-Säule wird im Teflonbecher mit 3 mL konz. Salpetersäure versetzt und auf der Heizplatte zur Trockene eingedampft. Meist verbleibt ein kleiner schwarzer Fleck am Boden des Teflongefäßes. Dann erfolgt eine Nassveraschung, um Spuren von organischen Substanzen aus den Chromatographiesäulen zu eliminieren. Dazu werden je 2-3 Tropfen konz. Salpetersäure und Wasserstoffperoxid zugegeben und erneut bis zur Trockene eingedampft. Diese Prozedur wird so lange wiederholt, bis der schwarze Fleck verschwunden und die Farbe des Rückstands weiß bis leicht gelblich ist. Meist reichen drei Wiederholungen. Nun wird der Rückstand mit 0,3 mL konz. Schwefelsäure versetzt, so lange erhitzt bis weiße Dämpfe entstehen (ca. 2 min) und der Teflonbecher von der Heizplatte genommen. Nach dem Abkühlen wird der Inhalt des Teflonbechers mit 5 mL bidestilliertem Wasser versetzt. Jetzt wird der benötigte pH-Wert von 2,5 mit Hilfe von konz. Ammoniak, 2 M Schwefelsäure und 2 Tropfen des Indikators Mischindikator 5 (Hersteller: Merck) eingestellt. Dazu wird zuerst so lange Ammoniak zugegeben, bis ein Farbumschlag vom Violettem ins Grüne eintritt. Dann wird tropfenweise die 2 M Schwefelsäure zugegeben, bis die Farbe wieder nach violett umschlägt. Ein zusätzlicher Tropfen ergibt den benötigten pH-Wert von 2,5. Die Lösung wird dann in eine Elektrolysezelle überführt und zwei mal mit je 2,5 mL bidestilliertem Wasser nachgespült. Die Elektrolysezelle besteht aus einem LSC-Vial, dessen Boden abgeschnitten worden ist. Das Gewinde des Vials wird mit einer Metallhülse verschraubt und so das Edelstahlplättchen (Kathode) samt Teflondichtring in Position gehalten. Die Öffnung durch den abgeschnittenen Boden wird nach dem Befüllen verschlossen, indem der zugehörige Deckel des LSC-Vials verkehrt herum in die Öffnung gelegt wird. In den Deckel wurden zuvor zwei kleine Löcher gebohrt. Durch eines wird die Anode in Form eines kleinen Platinbleches an einem Platindraht in die Lösung getaucht. Der Fuss der Metallhülse wird in die passende Vertiefung in einen Kupferblock gesteckt. Eine Skizze des Aufbaus ist in Abbildung 4.2 gezeigt.

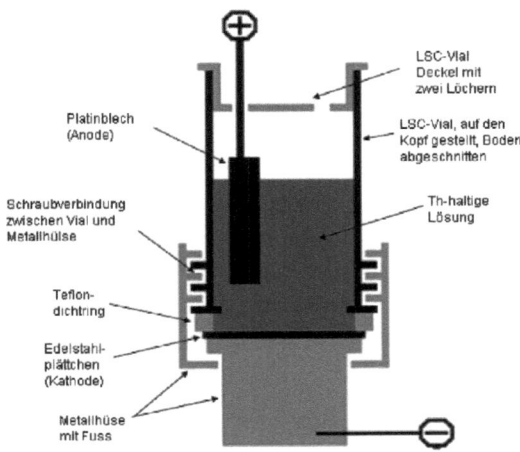

Abbildung 4.2.: Schematischer Aufbau einer Elektrolysezelle

Der Platindraht (Anode) und der Kupferblock (Kathode) werden an ein Netzgerät angeschlossen und ein konstanter Strom von 0,5 A angelegt. An der Kathode entstehen bei der Elektrolyse des Wassers Hydroxidionen. Dadurch scheidet sich Thorium in Form von Thoriumhydroxid auf dem Edelstahlplättchen ab. Der Kupferblock wird während des Stromflusses mit Wasser gekühlt. Nach ca. 2 h ist die Plattierung abgeschlossen. Nun wird 1 mL konz. Ammoniak in die Elektrolysezelle gegeben und nach einer Minute der Strom abgestellt. Das Edelstahlplättchen, auf dem sich jetzt das Thorium befindet, wird mit wenig Wasser und Ethanol gespült, im Stickstoffgasstrom getrocknet und ist dann bereit für die Messung im α-Spektrometer. Die Messzeit der so hergestellten Präparate liegt bei ca. 600000 s. Deutlich abweichende Messzeiten werden explizit angegeben.

4.3. Optimierungen

Um höhere Ausbeuten bei der Thoriumanalytik zu erreichen, gilt es den oder die verlustbehafteten Analyseschritte ausfindig zu machen und diese dann möglichst zu optimieren. Dazu muss zunächst eine geeignete Methode gefunden werden, die es erlaubt, möglichst einfach und schnell den Thoriumgehalt, in den während den Analyseschritten auftretenden Lösungen (Probelösungen, Waschlösungen, Elutionslösungen), zu bestimmen.

4.3.1. Photometrische Bestimmung von Thorium

Eine einfache und schnelle Bestimmungsmethode für Thorium in wässrigen Lösungen ist die photometrische Messung als Arsenazo III-Komplex. Kluge [24] hat diese Methode zur Anpassung seiner Thoriumanalytik verwendet. Dabei stellte er fest, dass Arsenazo III in einem Gemisch aus Salzsäure und Salpetersäure relativ schnell oxidiert wird. Bei einer Messung innerhalb von 2 Minuten stellte er aber keine störenden Einflüsse auf die Messergebnisse fest. Im Folgenden werden die Herstellung der benötigten Lösungen und die durchgeführten Kalibrierungen beschrieben.

a) **Herstellung der Arsenazo III Lösung**
   In ein Becherglas werden 250 mL 4 M Salzsäure vorgelegt und mit 205 mg Arsenazo III versetzt. Die Lösung hat eine intensive Rotfärbung. In das Becherglas werden 300 mL 4 M Salzsäure gegeben und die Lösung für ca. 2 h gerührt. Danach wird die Lösung filtriert, um nicht gelöstes Arsenazo III zu entfernen. Die Lösung wird dann in einen 1 L Messkolben überführt und mit 4 M Salzsäure auf 1 L aufgefüllt. Damit ist die Lösung bereit zur Verwendung.

b) **Herstellung einer Thoriumstammlösung und Thoriumkalibrierlösungen**
   Zur Herstellung der Thoriumstammlösung (im Folgenden als StL1 bezeichnet) stand Thoriumnitrat-tetrahydrat (natürliche Isotopenverteilung) zur Verfügung. Eine Masse von (0,2128 ± 0,0004) g wird auf einem Wägeschiffchen eingewogen. Die Einwaage wird unter großzügigem Nachspülen komplett in einen 1 L Messkolben überführt und mit 3 M Salpetersäure aufgefüllt. Unter Verwendung der molaren Masse von 552 g/mol ergibt sich eine Konzentration an Th^{4+} von (89,4 ± 0,2) μg/mL. Dieser Gehalt entspricht einer Aktivität an ^{232}Th von 0,36 Bq/mL. Aufgrund der langen Halbwertszeit des Thoriums wird auf die Angabe eines Bezugzeitpunkts verzichtet und die Konzentration des Thoriums im Zeitraum der Versuche als konstant angenommen. Der in der Strahlenschutzverordnung angegebene Wert für die Freigabe von ^{232}Thsec (sec bedeutet die Berücksichtigung der Tochternuklide) in Feststoffen und Flüssigkeiten beträgt 0,02 Bq/g [61]. Ziel ist es, die für die Kalibrierung und weiteren Versuche benötigten Lösungen so herzustellen, dass dieser Grenzwert unterschritten

wird und die Abfälle nach der festgelegten Vorgehensweise (siehe Strahlenschutzanweisung [51]) als nicht radioaktiver Abfall entsorgt werden können. Dazu wird Lösung StL1 zuerst 1:40 verdünnt. Diese Lösung wird mit StL2 bezeichnet. Damit liegt die Konzentration an Th^{4+} bei nur noch 2,24 µg/mL, was einer Aktivität an ^{232}Th von 0,009 Bq/mL entspricht. Damit unterschreitet diese Lösung den gegebenen Grenzwert. Ausgehend von dieser Lösung, StL2, werden die in Tabelle 4.1 zusammengefassten Kalibrierlösungen hergestellt.

Tabelle 4.1.: Übersicht der Kalibrierlösungen mit Th^{4+}, hergestellt aus der Lösung StL2

Kalibrierlösung	V (StL2) / mL	V_{ges} / mL	c (Th^{4+}) / µg/mL
Kal1	50	100	1,12
Kal2	35	100	0,78
Kal3	25	100	0,56
Kal4	15	100	0,34
Kal5	12,5	100	0,28
Kal6	10	100	0,22
Kal7	7,5	100	0,17
Kal8	5	100	0,11
Kal9	2	100	0,04

Die Messung der Kalibrierlösungen erfolgt in Plastikküvetten mit einem Volumen von 3 mL. Es werden je 2 mL der entsprechenden Kalibrierlösung und 1 mL der Arsenazo III Lösung in die Küvette pipettiert und vermischt. Dann erfolgen sofort je 10 Messungen bei einer Wellenlänge von 660 nm an einem Cary 50 von Varian. Der jeweils gebildete Mittelwert wird dann gegen die Konzentration der jeweiligen Kalibrierlösung aufgetragen. Es wird nicht die tatsächlich in der Küvette vorliegende Konzentration an Th^{4+}, die sich durch die Verdünnung mit der Arsenazo III Lösung ergeben hat, verwendet. Das linke Diagramm in Abbildung 4.3 zeigt alle gemessenen Konzentrationen. Im rechten Diagramm in der selben Abbildung ist nur der lineare Bereich gezeigt. In dem letztgenannten sind auch die Daten der Kalibriergerade angegeben. Die Messunsicherheiten waren so gering, dass deren Darstellung in der Grafik nicht sichtbar ist.

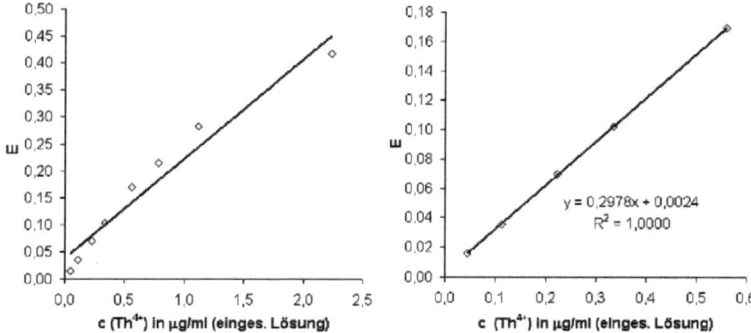

Abbildung 4.3.: Kalibriergerade aus der photometrischen Thoriumbestimmung. Das linke Diagramm zeigt alle gemessenen Lösungen, das rechte zeigt nur den linearen Bereich

Nun wird der Einfluss von Störionen untersucht. Eines der wichtigsten potentiellen Störionen ist das Phosphat. Zum einen ist es in Knochen- bzw. Elfenbeinasche in größeren Mengen enthalten, zum anderen komplexiert Phosphat Th^{4+} [24], was die Komplexbildung von Thorium mit Arsenazo III und damit dessen Bestimmung stört. Um den Einfluss von Phosphat zu beurteilen, wird eine zweite Kalibrierkurve aufgenommen. Dazu werden jeweils nur 1 mL der entsprechenden Kalibrierlösung, 1 mL einer 1 M Phosphorsäurelösung und 1 mL der Arsenazo III Lösung in eine Küvette pipettiert. Die Messung erfolgt analog zur vorhergehenden Messreihe und die erhaltenen Werte für die Extinktion werden wieder gegen die Konzentration der jeweiligen Kalibrierlösung aufgetragen. Dabei wird berücksichtigt, dass die Lösungen durch die Zugabe der Phosphorsäure im Vergleich zum vorigen Versuch 1:2 verdünnt worden sind. Die Daten sind in Abbildung 4.4 dargestellt.

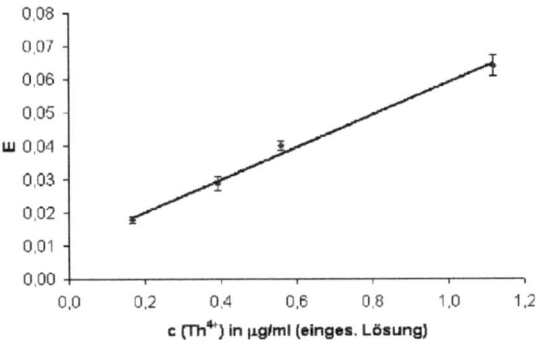

Abbildung 4.4.: Kalibriergerade aus der photometrischen Thoriumbestimmung mit Phosphat

Im Vergleich zu den vorherigen Messungen ergeben sich größere Abweichungen der Mehrfachmessungen der einzelnen Kalibrierproben. Die Standardabweichung ist als Fehlerbalken im Diagramm eingetragen. Die gemessene Extinktion ist im Vergleich zu den Proben ohne Phosphat drastisch gesunken. Dies bestätigt die Komplexbildung des Phosphats mit Th^{4+}. Diese tritt in Konkurrenz zur Komplexbildung von Arsenazo III mit Th^{4+}. Damit sinkt die Zahl der gebildeten Arsenazo III-Th-Komplexe und die gemessene Extinktion ist geringer.
Der Versuch wird wiederholt, allerdings mit der zusätzlichen Zugabe von Al^{3+} Ionen in Form von Aluminiumnitrat. Laut Kluge [24] können Phosphationen mit Al^{3+} Ionen maskiert werden. Dazu werden in die Küvette 1 mL des jeweiligen Kalibrierstandards, 0,5 mL einer 2 M Phosphorsäurelösung, 0,5 mL einer 2 M Aluminiumnitratlösung und 1 mL der Arsenazo III Lösung pipettiert. Die Messung und Auftragung der Messdaten (siehe Abbildung 4.5) erfolgt wie zuvor beschrieben. Zum Vergleich sind in diesem Diagramm zusätzlich die Kalibrierdaten der Lösungen ohne Störionen (X) und die mit Phosphat (◊) eingearbeitet.

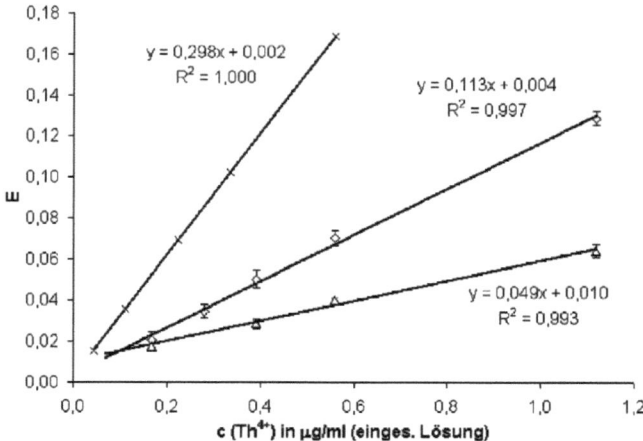

Abbildung 4.5.: Kalibriergerade aus der photometrischen Thoriumbestimmung mit Phosphat und Al^{3+} (◇); Zusätzlich eingetragen sind die Kalibriergeraden ohne Störion (X) und mit Phosphat (△)

Der Einsatz von Aluminiumnitrat hat eine positive Wirkung auf die gemessenen Extinktionen (△). Zwar können nicht die Werte der Kalibriergerade ohne Störionen erreicht werden, aber die Gerade verläuft deutlich steiler als die bei alleinigem Zusatz von Phosphat erhaltene Gerade. Dies zeigt, dass das Al^{3+} einen Teil der Phosphationen maskiert. Somit wird die Komplexbildung zwischen Arsenazo III und Th^{4+} nicht mehr so stark gestört und die gemessene Extinktion ist höher.

Allerdings ist die Methode trotzdem nicht besonders geeignet, um die Konzentration von Thorium in den einzelnen Analyseschritten zu bestimmen, da die erhaltenen Steigungen der Kalibriergeraden zu stark voneinander abweichen (Faktor 6). In den späteren Testlösungen muss analog zu Lösungen von Elfenbeinasche ebenfalls eine gewisse Menge an Phosphat vorhanden sein. Das Lösungsmittel ist 3 M Salpetersäure / 1 M Aluminiumnitrat. Somit muss davon ausgegangen werden, dass auch in den zu prüfenden Wasch- oder Elutionslösungen sowohl Phosphat als auch Al^{3+} vorhanden sein können. Da aber der Gehalt nie genau bekannt ist, kann auch keine passende Kalibrierung erstellt werden. Außerdem wäre die Erstellung einer eigenen Kalibrierung für jede Lösung sehr arbeitsaufwändig. Deshalb wird diese Methode nicht für die Optimierung der Thoriumanalytik verwendet.

4.3.2. Bestimmung von Thorium per ICP-OES

Als Alternative bietet sich die Bestimmung des Thoriumgehalts per ICP-OES an. Da hier für die Messung die emittierten Linien der durch das Plasma angeregten Thoriumatome bzw. -ionen verwendet werden, stören andere in der Matrix vorliegenden Stoffe die Messung meist nicht. Außerdem sollte es möglich sein mit einer einzigen Kalibrierung den Thoriumgehalt in den verschiedenen Probe-, Wasch- und Elutionslösungen mit ausreichender Genauigkeit zu bestimmen. Da Matrixeffekte relativ vernachlässigbar sind, spielt vor allem die Viskosität der Lösungen eine Rolle. Im Zerstäuber werden die Flüssigkeiten mit Argon verwirbelt. Je nach Viskosität wird mehr oder weniger Flüssigkeit mit dem Gasstrom mitgerissen und erreicht das Plasma. Da es sich beim Großteil der Lösungen um verdünnte anorganische Säuren handelt, sollte sich die Viskosität nicht all zu stark unterscheiden. Um diese Vermutungen zu testen, wird mit ausgewählten Kalibrierlösungen aus Tabelle 4.1 eine Kalibrierung durchgeführt und anschließend werden Tests mit phosphat- oder Al^{3+}-haltigen Lösungen mit bekannter Thoriumkonzentration durchgeführt. Außerdem werden auch Lösungen mit den später zu messenden anorganischen Säuren und bekannter Thoriumkonzentration hergestellt und gemessen. Das Gerät (Spektroflame, Spectro Analytical Instruments GmbH) wird so eingestellt, dass bei jeder Probe zuerst eine Spülung von 20 s erfolgt. Dann erfolgen je 7 Einzelmessungen pro Probe. Die zur Messung ausgewählte Linie von Thorium liegt laut Gerät bei 401,9 nm. Aus den Einzelmessungen wird der Mittelwert gebildet. Die Standardabweichung ergibt die Unsicherheit jeder Messung. In Abbildung 4.6 ist die erhaltene Kalibriergerade gezeigt.

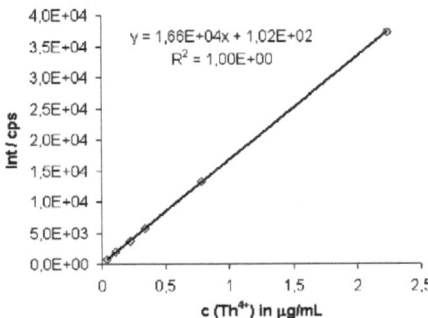

Abbildung 4.6.: Kalibriergerade aus der ICP-OES Bestimmung von Thorium

Dazu wurden die Mittelwerte der jeweiligen Probe als Intensität in der Einheit cps gegen die

Konzentrationen aufgetragen. Der lineare Bereich ist im Vergleich zur zuvor beschriebenen photometrischen Bestimmung deutlich größer. In Tabelle 4.2 sind die Ergebnisse der Testlösungen mit bekanntem Thoriumgehalt c(Th^{4+}) und die aus der Messung ermittelte Konzentration an Thorium c$_{mess}$(Th^{4+}) zusammengefasst. Für letztere sind zusätzlich die Bestimmungsunsicherheiten angegeben.

Tabelle 4.2.: Übersicht der Testlösungen mit bekanntem Thoriumgehalt, c(Th^{4+}), und der gemessen Konzentration an Thorium, c$_{mess}$(Th^{4+}). Die Unsicherheiten beziehen sich auf ein Vertrauensniveau von 68,3 %.

Testlösung	c(Th^{4+}) / μg/mL	c$_{mess}$(Th^{4+}) / μg/mL
3 M HNO$_3$	0,75	0,73 ± 0,01
1,5 M HNO$_3$	0,34	0,33 ± 0,01
9 M HCl	0,45	0,42 ± 0,02
4,5 M HCl	0,45	0,42 ± 0,02
0,1 M H$_2$SO$_4$	0,22	0,22 ± 0,01
1,5 M HNO$_3$ / 0,25 M H$_3$PO$_4$	1,12	1,16 ± 0,02
1,5 M HNO$_3$ / 0,5 M H$_3$PO$_4$	1,12	1,16 ± 0,02
1,5 M HNO$_3$ / 1 M H$_3$PO$_4$	1,12	1,10 ± 0,01
3 M HNO$_3$ / 0,25 M Al(NO$_3$)$_3$	1,12	0,81 ± 0,01
3 M HNO$_3$ / 0,5 M Al(NO$_3$)$_3$	1,12	0,68 ± 0,01
1,5 M HNO$_3$ / 0,5 M CaCl$_2$	1,12	0,94 ± 0,02

Die Ergebnisse der Testlösungen zeigen, dass die gemessenen Konzentrationen an Thorium in den meisten Matrices gut mit den bekannten Konzentrationen übereinstimmen. Eine Störung durch Phosphat ist im Gegensatz zur photometrischen Thoriumbestimmung mit Arsenazo III nicht feststellbar. Eine Ausnahme bilden die Lösungen mit Aluminiumnitrat und Calciumchlorid. Die Abweichungen der drei gemessenen Lösungen liegen bei 16 % (0,5 M CaCl$_2$), 28 % (0,25 M Al(NO$_3$)$_3$) und 40 % (0,5 M Al(NO$_3$)$_3$). Insgesamt betrachtet eignet sich diese Methode deutlich besser als die Photometrie um die Thoriumkonzentration in den einzelnen Analyseschritten innerhalb der Thoriumanalytik zu bestimmen und so deren Ausbeute zu ermitteln.

4.3.3. Ermittlung der Ausbeute der einzelnen Analyseschritte innerhalb der Thoriumanalytik

Bei allen Versuchen wird eine bekannte Menge an Thorium eingesetzt. Dann wird in allen anfallenden Lösungen die Konzentration von Thorium ermittelt. Damit kann berechnet werden wieviel Prozent der eingesetzten Thoriummasse in den jeweiligen Lösungen gefunden wird. Auf die Angabe von Unsicherheiten wird bei den folgenden Daten verzichtet, da das Ziel nicht die exakte Bestimmung der Thoriumkonzentration, sondern ein Überblick über die Verteilung des Thoriums auf die einzelnen Lösungen ist.

a) **Extraktionschromatographische Aufkonzentrierung des Thoriums mittels TOPO-Säule**
Die Durchführung dieses Schritts erfolgt wie unter Punkt 4.2.3 beschrieben. Als Probelösungen werden einmal 10 g Elfenbeinasche und zweimal 10 g Hydroxylapatit verwendet. Da Hydroxylapatit ein Hauptbestandteil von Elfenbein ist, stellt es ein gutes Modell für Elfenbeinasche dar. Die Proben werden in je 100 mL 3 M Salpetersäure / 1 M Aluminiumnitrat gelöst. Dann werden je 11,20 μg Th^{4+} zugegeben, indem die Probelösungen mit je 5 mL der Thoriumlösung mit einer Konzentration von 2,24 μg/mL versetzt werden. Aus der Analytik ergeben sich folgende zu messende Lösungen:

- durchgelaufene Probelösungen: Auffüllen auf 250 mL; in keinem der drei Versuche konnte Thorium über der Nachweisgrenze gefunden werden

- Waschlösungen: Auffüllen auf 20 mL; in ihnen konnte im Mittel etwa 1 % der eingesetzten Thoriummasse gefunden werden

- Elutionslösungen: Auffüllen auf 10 mL; sie enthielten im Mittel jeweils ca. 90 % der eingesetzten Thoriummasse

Die Ergebnisse zeigen, dass sich ein Großteil des Thoriums wie gewünscht in der Elutionslösung befindet. Weiterhin kann kein deutlicher Unterschied zwischen Elfenbeinasche und dem als Modell verwendetem Hydroxylapatit festgestellt werden. Allerdings fehlen in der Bilanz noch knapp 10 % des eingesetzten Thoriums. Zum einen könnte sich das restliche Thorium in der durchgelaufenen Probelösung befinden. Die Messung dieser hat nämlich keine ausreichende Aussagekraft, da die Nachweisgrenze der Messmethode bei ca. 0,01 μg/mL ($3\sigma_{Blank}$) liegt. Aufgrund der Verdünnung bedeutet dies, dass in der durchgelaufenen Probelösung immer noch $\leq$ 22 % des Thoriums enthalten sein könnten. Es könnte aber auch sein, dass sich das Thorium noch auf der Säule befindet, da es nicht vollständig eluiert worden ist. Letzteres kann leicht überprüft werden, indem eine zweite Elution mit 10 mL 0,1 M Schwefelsäure durchgeführt wird. Bei der Messung finden sich in dieser im Mittel 11 % des eingesetzten Thoriums. Im Rahmen der Messgenauigkeit konnte so die gesamte eingesetzte Menge an Thorium wieder gefunden werden.

Der Schritt der Aufnahme des Thoriums aus der Probelösung durch die TOPO-Säule verläuft also entgegen der Vermutungen von Kandlbinder [18] quantitativ. Der Waschschritt ergibt nur einen vernachlässigbaren Verlust an Thorium. Der Elutionsschritt dagegen erfasst in der bisherigen Form nur ca. 90 % des eingesetzten Thoriums. Deswegen wird dieser Schritt genauer untersucht und vier Elutionskurven erstellt. Das Beladen der TOPO-Säulen erfolgt mit Probelösungen, die analog zum vorherigen Versuch hergestellt worden sind. Um auch eine mögliche Abhängigkeit von der Masse der eingesetzten Asche zu erfassen, enthält jede Probelösung eine andere Masse an Hydroxylapatit. Die Massen sind 5 g, 10 g, 15 g und 20 g die jeweils in der entsprechenden Menge an 3 M Salpetersäure / 1 M Aluminiumnitrat (50 mL, 100 mL, 150 mL und 200 mL) gelöst werden. Die Masse an Thorium je Versuch entspricht wie zuvor 11,20 μg. Nach dem Waschen werden die Säulen in 1 mL Schritten mit insgesamt je 20 mL 0,1 M Schwefelsäure eluiert. Jede der 1 mL Fraktionen wird auf 10 mL aufgefüllt und gemessen. Die erhaltenen Elutionskurven (Elu1, Elu2, Elu3, Elu4) sind in Abbildung 4.7 dargestellt, wobei auf der Abszisse das Gesamtvolumen an 0,1 M Schwefelsäure und auf der Ordinate der Anteil am Gesamtthoriumgehalt aufgetragen sind. Alle Kurven sind relativ ähnlich und zeigen, dass die eingesetzte Masse an Hydroxylapatit kaum einen Einfluss auf das Elutionsverhalten von Thorium hat. Weiterhin ist zu erkennen, dass ein Volumen von 10 mL 0,1 M Schwefelsäure für eine vollständige Elution nicht ausreichend ist. Anhand der Kurven wird das zukünftige Elutionsvolumen auf 15 mL 0,1 M Schwefelsäure festgelegt.

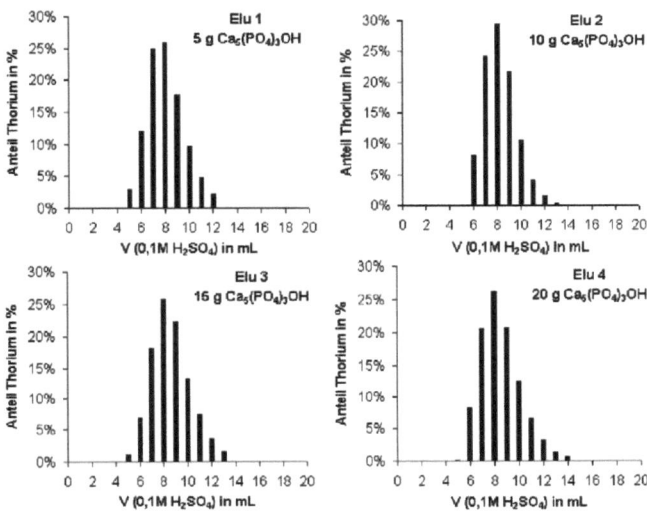

Abbildung 4.7.: Elutionskurven, TOPO-Säule

b) **Aufreinigung des Thoriums mittels TEVA-Säule**

Die Durchführung dieses Schritts erfolgt wie unter Punkt 4.2.4 beschrieben. Als Probelösung wird die jeweils benötigte Menge an Thoriumstandardlösung eingedampft und in 0,1 M Schwefelsäure aufgenommen. Es werden drei Lösungen mit je 6,72 μg Thorium und 10 mL 0,1 M Schwefelsäure hergestellt. Die resultierenden Lösungen sind die durchgelaufenen Probelösungen, die Waschlösungen und die Elutionslösungen. Die durchgelaufenen Probelösungen werden vor der Messung auf 50 mL aufgefüllt, die Wasch- und Elutionslösungen auf 10 mL. Die Messergebnisse sind wie folgt:

- durchgelaufene Probelösungen: in keiner der Proben konnte Thorium über der Nachweisgrenze festgestellt werden
- Waschlösungen: in keiner der Lösungen konnte Thorium über der Nachweisgrenze festgestellt werden
- Elutionslösungen: hier fanden sich je ca. 100 % des eingesetzten Thoriums

Der Schritt der Aufreinigung mittels TEVA-Säule läuft quantitativ ab. In einem weiteren Versuch soll getestet werden, ob dies auch für ein Probevolumen von 20 mL gilt.

Dazu werden zwei Probelösungen mit je 6,72 μg Th^{4+} und 20 mL 0,1 M Schwefelsäure hergestellt. Eine dieser Lösungen wird entsprechend der bisherigen Vorschrift mit 4 g Aluminiumnitrat-nonahydrat versetzt. Bei der anderen Lösung wird die Masse an Aluminiumnitrat-nonahydrat entsprechend dem doppeltem Lösungsmittelvolumen ebenfalls verdoppelt. Die Ergebnisse zeigen, dass die Ausbeute an Thorium beim Einsatz von 4 g Aluminiumnitrat-nonahydrat nur noch bei etwa 45 % liegt. Dagegen ergibt die Messung beim Einsatz der doppelten Menge eine Ausbeute von ca. 100 %. Für die Funktion der Anreicherung von Thorium auf der TEVA-Säule ist die richtige Konzentration an Nitrat wichtig und diese wird durch die Zugabe von Aluminiumnitrat-nonahydrat eingestellt. Deswegen muss die Menge an das Volumen der Schwefelsäurelösung angepasst werden. Für ein Volumen von 15 mL 0,1 M Schwefelsäure, mit welchem ab jetzt von der TOPO-Säule eluiert wird, muss eine Zugabe von 6 g Aluminiumnitrat-nonahydrat erfolgen.

c) **Elektroplattierung des Thoriums**

Die Durchführung dieses Schritts erfolgt wie unter Punkt 4.2.5 beschrieben. Es werden zwei Ansätze einmal mit 22,4 μg und einmal mit 4,48 μg Thorium erstellt. Nach der Plattierung wird die jeweils verbleibende Lösung auf 20 mL aufgefüllt und am ICP-OES gemessen. In beiden Fällen war das Ergebnis < NWG (NWG $\approx$ 0,01 μg/mL). Außerdem wurde das Dünnschichtpräparat aus dem Versuch mit der höheren Thoriummasse α-spektrometrisch gemessen. Die Auswertung liefert rechnerisch ein Ergebnis von ca. 103 %. Diese Ergebnisse sprechen für einen quantitativen Ablauf dieses Schritts.

4.3.4. Überprüfung des ^{229}Th-Ausbeutetracers

Nachdem die einzelnen Schritte der Thoriumanalytik auf ihre Ausbeute getestet und im Fall des Schritts der Aufkonzentrierung mittels der TOPO-Säule optimiert worden sind, wurden zwei Testläufe der Analytik mit ^{229}Th-Tracer durchgeführt. Leider lagen die Ausbeuten nicht bei den erwarteten knapp 100 % sondern nur bei etwa 80 %. Da es sich bei der verwendeten ^{229}Th Standardlösung um eine relativ alte Lösung handelt und ein Fehler in der Aktivitätsangabe nicht ausgeschlossen werden konnte, wird die Aktivität durch zwei verschiedene Messverfahren aktuell bestimmt. Dazu wird die übrige Lösung zuerst auf einen Liter verdünnt und dann γ-spektrometrisch auf einem Reinstgermaniumdetektor in der Geometrie "1 L in 1 L Ringschale" gemessen. Folgende Linien werden zur Bestimmung der Aktivität von ^{229}Th herangezogen (siehe Tabelle 4.3):

Tabelle 4.3.: Übersicht der Gammalinien zur Aktivitätsbestimmung von ^{229}Th, Datenquelle: NNDC [35]

Nuklid	$E_{\gamma\text{-Linie}}$ / keV	Y / (Bq · s)$^{-1}$
^{229}Th	210,8	0,028
^{221}Fr	218,1	0,114
^{213}Bi	440,5	0,259

Sowohl ^{221}Fr als auch ^{213}Bi stehen mit ^{229}Th im radioaktivem Gleichgewicht und können deshalb für die Auswertung der Aktivität von ^{229}Th herangezogen werden. Das Ergebnis ist eine spezifische Aktivität der Lösung von (5,50 ± 0,09) mBq/g am 6.5.2010.

Dieses Ergebnis wird überprüft, indem die ^{229}Th Standardlösung zusammen mit einer ^{227}Ac (im Gleichgewicht mit ^{227}Th) Standardlösung α-spektrometrisch gemessen wird. Dazu werden zweimal je 10 mL der ^{229}Th Standardlösung und je 122 mBq ^{227}Ac als Ausbeutetracer zugegeben. Der eine Versuch ergab eine spezifische Aktivität an ^{229}Th von (5,56 ± 0,06) mBq/g, der andere (5,71 ± 0,06) mBq/g. Im Rahmen der Messgenauigkeit widersprechen diese Ergebnisse dem γ-spektrometrisch erhaltenem Ergebnis nicht. Für die weiteren Auswertungen wird deshalb der γ-spektrometrisch bestimmte Wert verwendet. In den folgenden Thoriumanalysen werden nun Ausbeuten bis zu knapp 100 % erreicht.

4.4. Kopplung der Strontium- und Thoriumanalytik

Im Rahmen des Projekts zur Bestimmung des Todeszeitpunkts von Elefanten anhand der Analyse des Elfenbeins wird neben ^{14}C und den beiden Thoriumisotopen ^{228}Th und ^{232}Th auch ^{90}Sr bestimmt. Da in der Elfenbeinasche sowohl Strontium als auch Thorium enthalten sind, die Aktivitäten der Nuklide meist aber sehr gering sind, ist es wünschenswert für beide Elemente die gesamte Masse der verfügbaren Elfenbeinasche einzusetzen. Dies ist aber nur möglich, wenn die Analytik in der Lage ist sowohl Strontium als auch Thorium innerhalb eines Ansatzes zu bestimmen. Die Abtrennung des Strontiums erfolgt nach Lösen der Asche, Ionenaustauschchromatographie zur Abtrennung des Strontiums von den gängigen Störnukliden und Ausfällung des Strontiums aus der Elutionslösung [47]. Somit ergeben sich zwei mögliche Ansätze zur Kopplung der Strontium- und der Thoriumanalytik:

a) **Zuerst Durchführung der Thoriumanalytik**

Die durch die TOPO-Säule gelaufene Probelösung enthält das Strontium, da zweiwertige Ionen praktisch nicht durch die TOPO-Säule aufgenommen werden. Mit der durchgelaufenen Lösung muss dann die Strontiumanalytik durchgeführt werden.

Ergebnis: Die Bestimmung und Ausbeute des Thoriums entspricht den bisherigen Versuchen. Allerdings bereitet es Probleme die durchgelaufene Probelösung für die Strontiumanalytik vorzubereiten. Da der Austauscher nicht resistent gegenüber der oxidativen Wirkung des Nitrats ist, muss die Probelösung zunächst eingedampft und in Salzsäure aufgenommen werden. Dies dauert aber sehr lang, da es zu einer starken Schaumentwicklung kommt. Weiterhin ist die erzielte Ausbeute sehr schlecht [47], so dass diese Variante verworfen wird.

b) **Zuerst Durchführung der Strontiumanalytik**

In der Strontiumanalytik muss zusätzlich der Elutionsbereich des Thoriums bei der Ionenaustauschchromatographie bestimmt werden. Mit der Thoriumfraktion muss dann anschließend die Thoriumanalytik durchgeführt werden.

Ergebnis: Die Bestimmung und Ausbeute des Strontiums entspricht den bisherigen Versuchen. Die Elutionsfraktion des Thoriums hat ein Volumen von 130 mL [47] und besteht aus einem Gemisch aus Ammoniumlactat und 6 M Salzsäure. Diese Fraktion muss auf ein Volumen von ca. 20 mL eingedampft werden. Dies funktioniert am Besten unter Rühren auf einer Heizplatte. Am Ende verbleibt eine niedrig viskose Flüssigkeit, zum Teil leicht weiß gefärbt. Dieser Rückstand wird dann mit 100 mL 3 M Salpetersäure / 1 M Aluminiumnitrat versetzt und unter Erwärmung weiter gerührt bis die Lösung homogen ist. Anschließend erfolgt die Thoriumanalytik anhand der zuvor beschriebenen Methode. Die Ausbeuten liegen in der Regel bei etwa 85 % bis 90 % und somit etwas niedriger als bei der direkten Thoriumanalyse der Probenasche. Bei allen folgenden Analysen, in denen sowohl ^{90}Sr als auch bestimmte Thoriumisotope analysiert werden sollen, kommt diese Kombination der beiden Methoden zum Einsatz.

5. Qualitätssicherung

5.1. ^{14}C Bestimmung mittels LSC

5.1.1. Stabilität des Messgeräts

Alle Messungen zur ^{14}C Bestimmung wurden am LSC Quantulus im Messlabor (Raumnr.: 32.01.22) des URA-Laboratoriums der Universität Regensburg durchgeführt. Zu Qualitätssicherungszwecken werden an diesem Gerät monatlich Messungen von Kalibrierstrahlern (^{3}H und ^{14}C) sowie eines Blindwerts routinemäßig durchgeführt. Diese Messungen zeigen, dass das Gerät im Zeitraum dieser Arbeit stabil gelaufen ist.

5.1.2. Kalibrierung des Messgeräts

Die Kalibrierung verfolgt den Zweck, den physikalischen Wirkungsgrad eines Messgeräts zu ermitteln. Dazu wird ein Standard benötigt, der eine bekannte Aktivität aufweist. Für diese Arbeit steht ein ^{14}C Standard der Internationalen Atom Energie Behörde (IAEA) zur Verfügung. Es handelt sich um IAEA C-3 Cellulose, deren ^{14}C Gehalt in der Einheit pMC gegeben ist. Der Wert ist (129,41 $\pm$ 0,06) pMC und der δ^{13}C Wert ist (-24,91 $\pm$ 0,49) ‰ [46]. Für die Bestimmung der Blindwertzählrate R_0 steht ebenfalls ein von der IAEA zertifizierter Standard zur Verfügung, IAEA C-1 Carrara Marble. Dessen ^{14}C Gehalt ist 0,0 pMC [46]. Zusätzlich wurden Blindwerte auch mit Calciumcarbonat p.a. und Natriumhydrogencarbonat p.a. hergestellt, da die gemessenen Zählraten im Rahmen der Messgenauigkeit nicht von denen der Präparate mit dem zertifizierten Blindwertstandard abweichen.

In dieser Arbeit wird der ^{14}C Gehalt der zu messenden Proben als relative spezifische Aktivität von ^{14}C in der Einheit pMC angegeben (vgl. 2.2.5). Deswegen wird statt des üblichen physikalischen Wirkungsgrads direkt die Zählrate des absoluten internationalen Standards normiert auf die Kohlenstoffmasse r_{abs} berechnet. Mit dieser Größe können dann direkt die pMC Werte unbekannter Proben berechnet werden (vgl. Gleichung 2.19). Statt der Aktivitäten können in diese Gleichung direkt die entsprechenden Zählraten eingesetzt werden, da der physikalische Wirkungsgrad und die Emissionswahrscheinlichkeit identisch sind und sich damit kürzen.

Insgesamt wurden 5 Kalibrierkampagnen durchgeführt. Eine davon wurde durch Götz [12] im Rahmen eines Forschungspraktikums durchgeführt. Zwei der Datensätze entstanden mit Präparaten hergestellt nach der Standardmethode und drei der Datensätze mit Präparaten nach der optimierten Methode. Die Messzeit je Einzelmessung betrug 1000 min. In den folgenden Abbildungen sind im linken Diagramm die Nettozählrate normiert auf die jeweils im Präparat gespeicherte Kohlenstoffmasse r_i, deren Unsicherheit sowie der Mittelwert und die Standardabweichung aller Einzelmessungen gezeigt. Das rechte Diagramm enthält die gemessenen Zählraten des/der Blindwertpräparats/e, $R_{0,i}$ und ebenfalls den Mittelwert und die Standardabweichung aller Einzelmessungen. Die erste Abbildung 5.1 enthält die Daten der ersten Messkampagne. Dazu wurden drei Präparate mit IAEA C-3 Cellulose (Messwerte 1-6, 7-12 und 13-18) und zwei Präparate mit IAEA C-1 Carrara Marble (Messwerte 1-6 und 7-12) erstellt. Die Nettozählrate normiert auf die jeweils im Präparat gespeicherte Kohlenstoffmasse r_i errechnet sich nach Gleichung 5.1 wie folgt:

$$r_i = \frac{R'_i - R_0}{m_i(C)} \tag{5.1}$$

R_0 entspricht dabei dem Mittelwert aus den einzelnen Nulleffektzählraten $R_{0,i}$ und $m_i(C)$ der Kohlenstoffmasse im jeweiligem Kalibrierpräparat. Die Zählraten $R_{0,i}$ und R'_i wurden aus den jeweiligen Spektren mit einem Fenster von Kanal 70 bis 370 ermittelt.

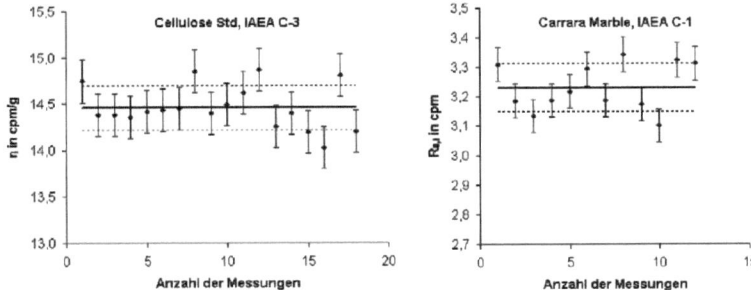

Abbildung 5.1.: Messwerte der ersten Kalibrierkampagne für ^{14}C; die Präparate wurden nach der Standardmethode hergestellt; die durchgezogene Linie stellt den Mittelwert und die gestrichelten Linien den Vertrauensbereich (Vertrauensniveau 68,3 %) dar.

Abbildung 5.2 zeigt die Daten der zweiten Kalibrierkampagne. Die Präparate wurden ebenfalls nach der Standardmethode hergestellt. Ein Präparat mit IAEA C-3 Cellulose Standard (Messwerte 1-8) und zwei Präparate mit IAEA C-1 Carrara Marble (Messwerte 1-6 und 7-9) wurden hergestellt.

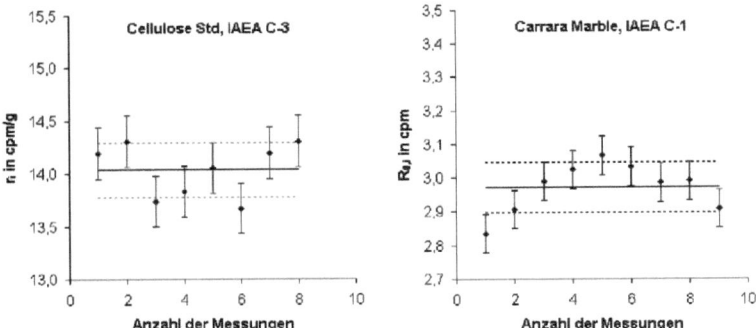

Abbildung 5.2.: Messwerte der zweiten Kalibrierkampagne für ^{14}C; die Präparate wurden nach der Standardmethode hergestellt; die durchgezogene Linie stellt den Mittelwert und die gestrichelten Linien den Vertrauensbereich (Vertrauensniveau 68,3 %) dar.

Abbildung 5.3 zeigt die Daten der dritten Kalibrierkampagne. Die Präparate wurden nach der optimierten Methode hergestellt. Ein Präparat mit IAEA C-3 Cellulose Standard (Messwerte 1-12) , ein Präparat mit IAEA C-1 Carrara Marble (Messwerte 1-3) und zwei Präparate mit Calciumcarbonat p.a. (Messwerte 4-5 und 6-9) wurden präpariert.

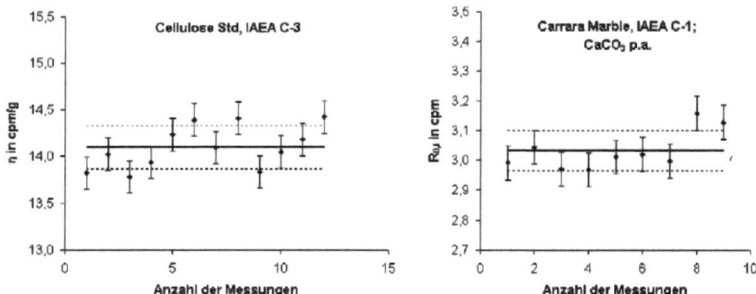

Abbildung 5.3.: Messwerte der dritten Kalibrierkampagne für ^{14}C; die Präparate wurden nach der optimierten Methode hergestellt; die durchgezogene Linie stellt den Mittelwert und die gestrichelten Linien den Vertrauensbereich (Vertrauensniveau 68,3 %) dar.

Abbildung 5.4 zeigt die Daten der vierten Kalibrierkampagne. Die Präparate wurden von Götz [12] im Rahmen eines Forschungspraktikums nach der optimierten Methode hergestellt. Drei Präparate mit IAEA C-3 Cellulose Standard (Messwerte 1-5, 6-9 und 10-12) , ein Präparat mit Calciumcarbonat p.a. (ohne vorherige Verbrennung; Messwerte 1-3), zwei Präparate aus Natriumhydrogencarbonat p.a. (Messwerte 4-6 und 7-9), ein Präparat aus Calciumcarbonat p.a. (Messwerte 10-12) und ein Präparat aus IAEA C-1 Carrara Marble (Messwerte 13-15) wurden präpariert.

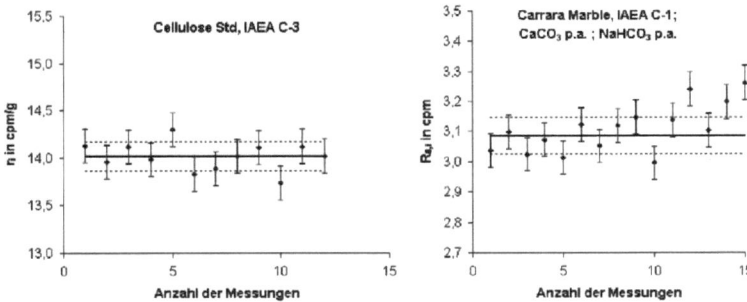

Abbildung 5.4.: Messwerte der vierten Kalibrierkampagne für ^{14}C; die Präparate wurden nach der optimierten Methode hergestellt; die durchgezogene Linie stellt den Mittelwert, die gestrichelten Linien den Vertrauensbereich (Vertrauensniveau 68,3 %) dar.

Abbildung 5.5 zeigt die Daten der fünften Kalibrierkampagne. Die Präparate wurden nach der optimierten Methode hergestellt. Ein Präparat mit IAEA C-3 Cellulose Standard (Messwerte 1-7) und zwei Präparate mit Calciumcarbonat p.a. (ohne vorherige Verbrennung; Messwerte 1-6 und 9-12) wurden präpariert.

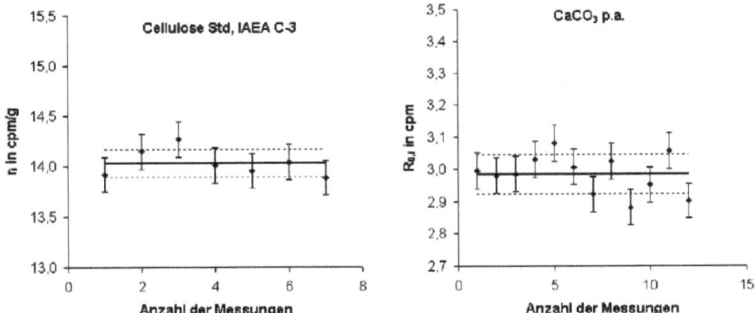

Abbildung 5.5.: Messwerte der fünften Kalibrierkampagne für ^{14}C; die Präparate wurden nach der optimierten Methode hergestellt; die durchgezogene Linie stellt den Mittelwert, die gestrichelten Linien den Vertrauensbereich (Vertrauensniveau 68,3 %) dar.

Tabelle 5.1 fasst nun die Daten aus den fünf Kalibrierkampagnen zusammen. Diese werden in der Tabelle als Kal1, Kal2,..., Kal5 bezeichnet. Sie enthält den jeweiligen Mittelwert der Nettozählrate normiert auf die Kohlenstoffmasse r den Mittelwert des jeweils bestimmten Blindwerts R_0 und die mit Hilfe der Daten des Kalibrierstandards berechnete Zählrate des absoluten Standards normiert auf die Kohlenstoffmasse r_{abs}. Diese Größe errechnet sich nach Gleichung 5.2.

$$r_{abs} = \frac{r}{pMC} \cdot \left(1 - \frac{2 \cdot (25 + \delta^{13}C)}{1000}\right) \cdot 100\% \qquad (5.2)$$

Die Größe r stammt aus den Messungen des IAEA C-3 Cellulosestandards, die Parameter $\delta^{13}C$ und pMC entsprechen den angegebenen Werten des Standards. Zusätzlich ist in der Tabelle der Zeitraum angegeben, in dem die Messungen durchgeführt worden sind.

Tabelle 5.1.: Zusammenfassung der Kalibrierkampagnen für ^{14}C; die angegebenen Unsicherheiten beziehen sich auf ein Vertrauensniveau von 68,3 %

Kalibrierkampagne	r / cpm/g	R_0 / cpm	r_{abs} / cpm/g	Zeitraum
Kal1	14,46 ± 0,24	3,23 ± 0,08	11,17 ± 0,18	Dezember 2009
Kal2	14,04 ± 0,24	2,97 ± 0,07	10,84 ± 0,20	Juni 2010
Kal3	14,10 ± 0,23	3,03 ± 0,07	10,89 ± 0,18	Februar 2011
Kal4	14,02 ± 0,18	3,09 ± 0,06	10,83 ± 0,14	Mai 2011
Kal5	14,03 ± 0,17	2,99 ± 0,06	10,84 ± 0,13	August 2011

Im Rahmen der Unsicherheiten liefern alle Kalibrierkampagnen das gleiche Ergebnis. Für die Bestimmung des pMC-Werts von unbekannten Proben werden immer die Daten aus der zuletzt gemessenen Kalibrierung verwendet.

5.1.3. Validierung der ^{14}C Bestimmung

Um die Methode zu Validieren wird ein weiterer Standard der IAEA verwendet, IAEA C-7 Oxalsäure. Der angegebene ^{14}C Gehalt ist (49,53 ± 0,12) pMC, der $\delta^{13}C$ Wert ist −14,48 ‰ [27]. Alle drei Präparationen wurden nach der optimierten Methode hergestellt. In Tabelle 5.2 sind die Daten der einzelnen Präparationen zusammengefasst. In der zweiten Spalte ist die Anzahl an Wiederholungsmessungen angegeben. r ist der jeweilige (Mittel-)Wert der gemessenen Nettozählrate normiert auf die Kohlenstoffmasse. In der letzten Spalte ist der berechnete

Gehalt an ^{14}C in der Einheit pMC angegeben. Dieser errechnet sich aus dem gegebenen δ^{13}C-Wert, der normierten Nettozählrate r und der normierten Nettozählrate des absoluten Standards r_{abs} nach folgender Gleichung (5.3):

$$pMC = \frac{r}{r_{abs}} \cdot \left(1 - \frac{2 \cdot (25 + \delta^{13}C)}{1000}\right) \cdot 100\% \tag{5.3}$$

Tabelle 5.2.: Zusammenfassung der Daten zur Validierung der ^{14}C Bestimmung; die Unsicherheiten beziehen sich auf ein Vertrauensniveau von 68,3 %

Präparat	Wiederholungs- messungen	r / cpm/g	^{14}C Gehalt / pMC
1	1	5,38 ± 0,15	48,5 ± 1,5
2	7	5,69 ± 0,15	51,1 ± 1,6
3	7	5,44 ± 0,12	49,2 ± 1,3

Im Rahmen der angegebenen Messunsicherheiten stimmen die ermittelten Ergebnisse des ^{14}C Gehalts mit dem angegebenen Wert von (49,53 ± 0,12) pMC [27] überein. Damit ist gezeigt, dass die Methode zur Bestimmung des ^{14}C Gehalts richtige Ergebnisse im Rahmen der Bestimmungsunsicherheit liefert.

5.2. α-spektrometrische Bestimmung der Thoriumisotope

5.2.1. Stabilität der Messgeräte

Die Messung der Thoriumdünnschichtpräparate erfolgt in vier Messkammern eines mit insgesamt acht Messkammern ausgestattetem *Octête* Spektrometers (EG & G Ortec; www.ortec-online.com). Die Nummern der Kammern sind 1, 2, 5 und 6. Wichtige Kriterien zur Beurteilung der Stabilität eines α-Spektrometers sind die Konstanz des Nulleffekts und der Energiekalibrierung. Auf beide Punkte wird im folgenden Text eingegangen.

a) **Nulleffekt**

Der Nulleffekt von α-Spektrometern ist im Allgemeinen sehr niedrig. Bei Messzeiten um die 600000 s führt dies zum Teil zu deutlichen Abweichungen zwischen einzelnen Nulleffekten. Zusätzlich emittieren bestimmte Thoriumisotope (z.B. ^{227}Th, ^{229}Th) Rückstosskerne, die den Nulleffekt in bestimmten Energiebereichen erhöhen, vor allem wenn Präparate mit höherer Aktivität gemessen worden sind. Deswegen wird bei den Auswertungen nicht nur ein einzelner Nulleffekt sondern immer mehrere Nulleffekte berücksichtigt. Dazu werden die Daten aller gemessener Nulleffekte einer Kammer in einem Excelfile zusammengefasst und die ermittelten Zählraten, innerhalb der für die Auswertung wichtigen Energiebereiche (^{228}Th, ^{229}Th, ^{230}Th, ^{232}Th), graphisch aufgetragen. So können einzelne Ausreißer eliminiert und eventuelle Trends erkannt werden. Es folgen einige ausgewählte Beispiele, die die möglichen Szenarien repräsentieren.

In Abbildung 5.6 sind die verfügbaren Nulleffektzählraten R_0 aus Kammer 6 gegen das Datum des Messbeginns aufgetragen. Der Energiebereich, in dem die Zählraten ermittelt worden sind, entspricht dem Auswertebereich von ^{232}Th.

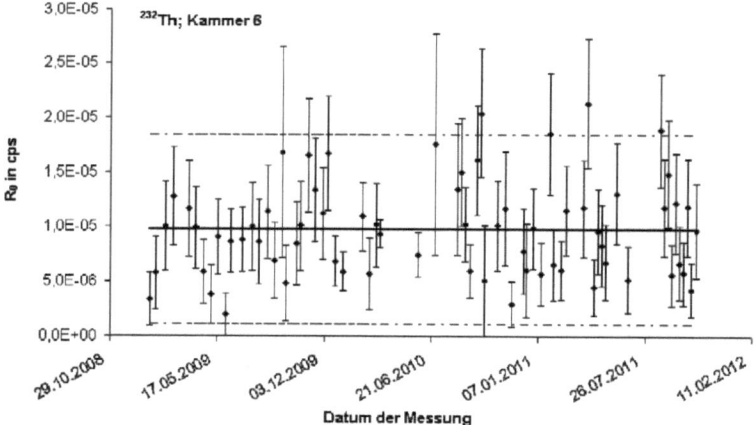

Abbildung 5.6.: Nulleffektzählraten gemessen in Octête Kammer 6 im Energiebereich von ^{232}Th; die waagrecht durchgezogene Linie stellt den Mittelwert und die gestrichelten Linien den Vertrauensbereich (Vertrauensniveau 95 %) dar.

Um einen möglichen Trend zu erkennen, wird der Trendtest nach Neumann [49] durchgeführt. Dazu muss aber zuerst die Normalverteilung der Messwerte nachgewiesen werden.

Dies erfolgt durch den Schnelltest nach David [49]. Dessen Ergebnis spricht nicht gegen eine Normalverteilung der Messwerte. Der nun durchgeführte Trendtest nach Neumann ergibt keinen Anhaltspunkt für einen signifikanten Trend. Deshalb werden alle Zählraten zur Bildung eines durchschnittlichen Nulleffekts verwendet.

In Abbildung 5.7 sind die verfügbaren Nulleffektzählraten R_0 aus Kammer 2 gegen das Datum des Messbeginns aufgetragen. Der Energiebereich, in dem die Zählraten ermittelt worden sind, entspricht dem Auswertebereich von ^{228}Th.

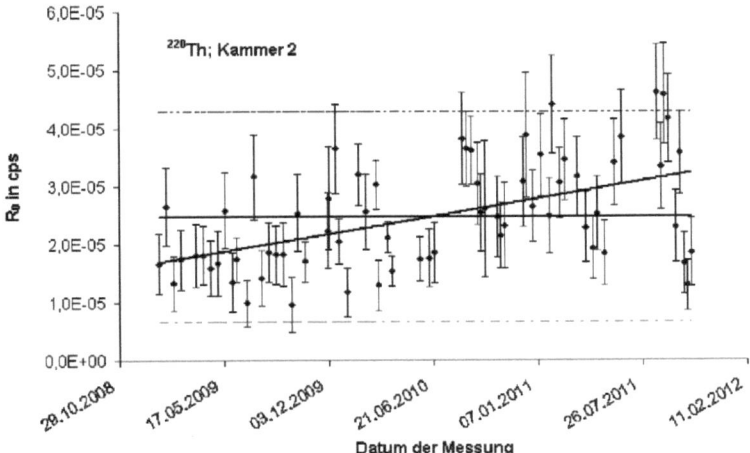

Abbildung 5.7.: Nulleffektzählraten gemessen in Octête Kammer 2 im Energiebereich von ^{228}Th; die waagrecht durchgezogene Linie stellt den Mittelwert, die gestrichelten Linien den Vertrauensbereich (Vertrauensniveau 95 %) und die schräg durchgezogene Linie den Trend der Messwerte dar.

Hier scheint sich ein Trend der Nulleffektzählraten zu zeigen. Der Schnelltest nach David weist auf eine Normalverteilung der Messwerte hin. Der daraufhin durchgeführte Trendtest nach Neumann spricht für einen Trend der Messwerte. Daraufhin erfolgt die Teilung des gesamten Datensatzes in zwei Gruppen. In der ersten Gruppe werden alle Messwerte bis Ende Juni 2010 zusammengefasst. Alle darauffolgenden Messwerte werden in einer zweiten Gruppe zusammengefasst. Der Varianzen F-Test [49] deutet darauf hin, dass sich die Varianzen der beiden Gruppen nicht signifikant unterscheiden. Nun kann der Mittelwert t-Test [49] durchgeführt werden. Das Ergebnis ist, dass sich die Mittelwerte der beiden

Gruppen signifikant unterscheiden. Deswegen erfolgt die Mittlung jeweils nur über die Messungen innerhalb einer Gruppe. Die Wahl des Nulleffekts zur Auswertung erfolgt deshalb nach dem Messzeitpunkt. Hat die Messung vor dem 31.6.2010 statt gefunden wird der Mittelwert aus der ersten Gruppe verwendet, für Messungen danach der Mittelwert der zweiten Gruppe.

In Abbildung 5.8 sind die verfügbaren Nulleffektzählraten R_0 aus Kammer 1 gegen das Datum des Messbeginns aufgetragen. Der Energiebereich, in dem die Zählraten ermittelt worden sind, entspricht dem Auswertebereich von ^{230}Th.

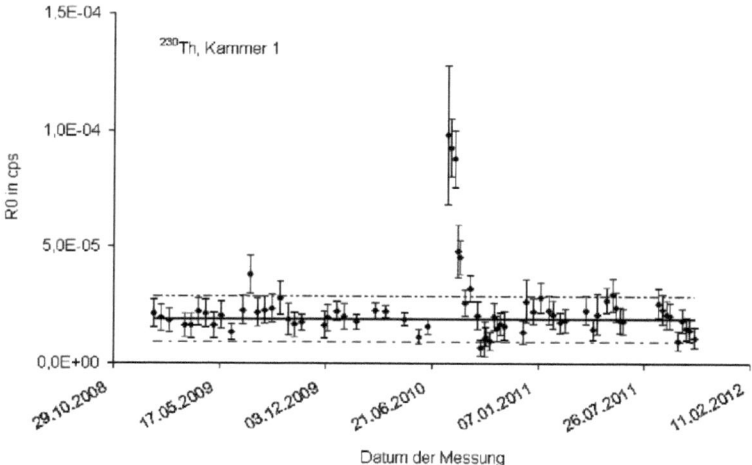

Abbildung 5.8.: Nulleffektzählraten gemessen in Octête Kammer 1 im Energiebereich von ^{230}Th; die waagrecht durchgezogene Linie stellt den Mittelwert, die gestrichelten Linien den Vertrauensbereich (Vertrauensniveau 95 %) dar.

Das Diagramm zeigt einige deutlich erhöhte Nulleffektzählraten Ende Juli 2010. Diese sind durch eine vorherige Messung eines Präparats mit höherer Aktivität verursacht worden. Im Zeitraum der erhöhten Zählraten fanden keine weiteren Messungen statt. Erst nachdem die Kammer wieder die üblichen Nulleffektzählraten erreichte, konnten wieder Präparate gemessen werden. Die Messwerte, die deutlich über dem Vertrauensbereich liegen, werden für die Mittelwertbildung des Nulleffekts nicht berücksichtigt.

b) **Energiekalibrierung**

Eine korrekte Energiekalibrierung ist für die Auswertung von α-Spektren sehr wichtig. Nur so können enthaltene Peaks richtig zugeordnet und dadurch die entsprechenden Nuklide ausgewertet bzw. mögliche Verunreinigungen erkannt und Fehler vermieden werden. Deshalb wird die Energiekalibrierung einmal pro Monat mit einem vorhandenem Präparat durchgeführt. Dieses Präparat enthält die α-strahlenden Radionuklide ^{239}Pu, ^{241}Am und ^{244}Cm. Deren Linien mit der größten Emissionswahrscheinlichkeit liegen bei 5,16 MeV, 5,49 MeV und 5,81 MeV [35]. Anhand der Lage der Maxima im Spektrum kann die jeweils zugehörige Kanalzahl ermittelt werden. Diese wird der jeweiligen Energie zugeordnet. Die Energie E wird gegen die Kanalzahl ch aufgetragen. Die Trendlinie liefert dann die Steigung a und den y-Achsenabschnitt b der Geradengleichung (Gleichung 5.4).

$$E = a \cdot ch + b \qquad (5.4)$$

Die Energiekalibrierung der einzelnen Kammern ist sehr stabil, allerdings weicht die Position der Peaks der Thoriumspektren meist um etwa 0,06 MeV von den Literaturwerten ab. Ein möglicher Grund ist die unterschiedliche Präparationstechnik der Thoriumpräparate und des Kalibrierpräparats. Letzteres wurde durch Mitfällung erzeugt und hat deshalb eine deutlich höhere Schichtdicke. Um zu einer optimalen Energiekalibrierung zu gelangen, werden direkt die Spektren der gemessen Thoriumpräparate verwendet. Durch den Einsatz des ^{229}Th Ausbeutetracers sind aufgrund der zugehörigen Tochternuklide in jedem Spektrum vier Linien vorhanden, die sich ebenfalls zu einer Energiekalibrierung nutzen lassen. Die Nuklide sind ^{229}Th, ^{225}Ac, ^{221}Fr und ^{217}At. Die zugehörigen Energien der Linien mit der jeweils höchsten Emissionswahrscheinlichkeit sind 4,85 MeV, 5,83 MeV, 6,34 MeV und 7,07 MeV [35]. Mit der groben Energiekalibrierung anhand des Standardkalibrierpräparats können die entsprechenden Linien in einem ^{229}Th-Spektrum eindeutig identifiziert werden. In Abbildung 5.9 sind die entsprechenden Linien in dem Spektrum eines Blindwerts markiert.

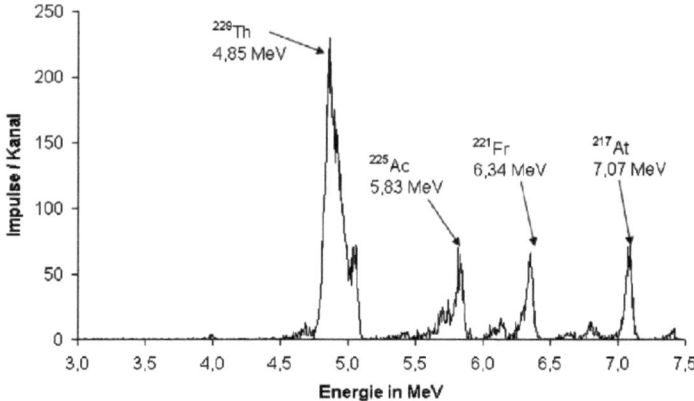

Abbildung 5.9.: Thoriumspektrum einer Blindwertprobe; die zur Energiekalibrierung verwendeten Linien sind gekennzeichnet.

In den folgenden Abbildungen (5.10, 5.11, 5.12, 5.13) sind für jede Kammer im linken Diagramm die ermittelten Werte für den y-Achsenabschnitt b und im rechten Diagramm jeweils die ermittelten Steigungen a in Abhängigkeit des Beginns der jeweiligen Messung dargestellt.

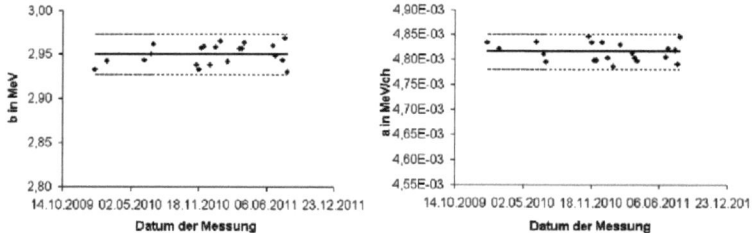

Abbildung 5.10.: Energiekalibrierungen Octête Kammer 1; die durchgezogene Linie stellt den Mittelwert, die gestrichelten Linien den Vertrauensbereich (Vertrauensniveau 95 %) dar.

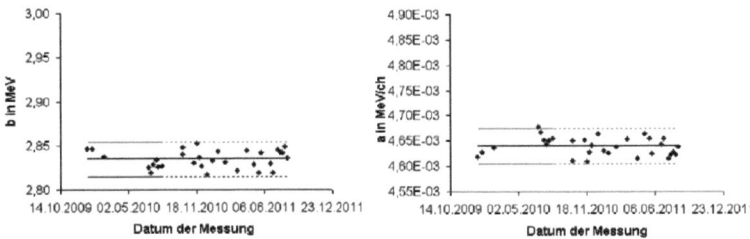

Abbildung 5.11.: Energiekalibrierungen Octête Kammer 2; die durchgezogene Linie stellt den Mittelwert, die gestrichelten Linien den Vertrauensbereich (Vertrauensniveau 95 %) dar.

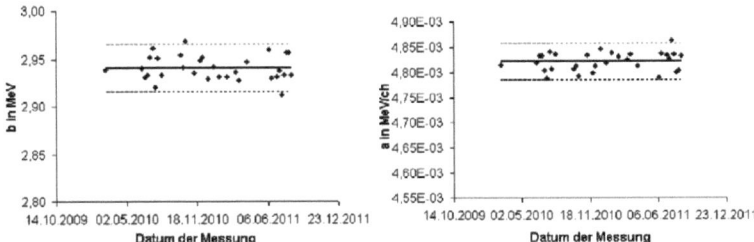

Abbildung 5.12.: Energiekalibrierungen Octête Kammer 5; die durchgezogene Linie stellt den Mittelwert, die gestrichelten Linien den Vertrauensbereich (Vertrauensniveau 95 %) dar.

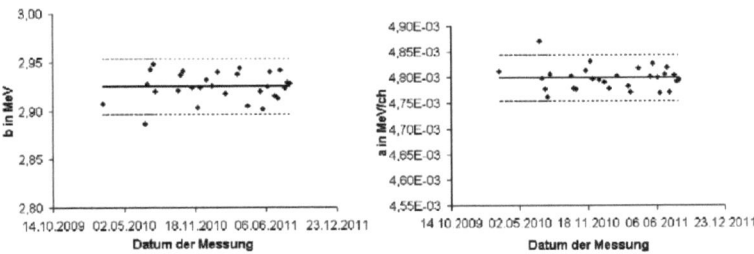

Abbildung 5.13.: Energiekalibrierungen Octête Kammer 6; die durchgezogene Linie stellt den Mittelwert, die gestrichelten Linien den Vertrauensbereich (Vertrauensniveau 95 %) dar.

Die Diagramme zeigen, dass die Energiekalibrierungen in allen Kammern stabile Werte für die Steigung a und den y-Achsenabschnitt b liefern. In keiner der Kammern treten Ausreißer auf, nahezu alle Werte liegen innerhalb des Vertrauensbereichs. In Tabelle 5.3 sind die Mittelwerte und die Standardabweichung der Steigung a und des y-Achsenabschnitts b zusammengefasst.

Tabelle 5.3.: Zusammenfassung der Daten der Energiekalibrierungen der Octêtekammern; die Unsicherheiten beziehen sich auf ein Vertrauensniveau von 68,3 %

Kammer	b / MeV	a / keV/ch
Octête 1	2,950 ± 0,012	4,815 ± 0,018
Octête 2	2,835 ± 0,010	4,639 ± 0,018
Octête 5	2,941 ± 0,013	4,822 ± 0,018
Octête 6	2,925 ± 0,015	4,799 ± 0,023

5.2.2. Durchführung von Blindanalysen

Aus der Arbeit von Kandlbinder [18] ist bekannt, dass die natürlichen Thoriumisotope ^{228}Th, ^{230}Th und ^{232}Th in Spuren in den benötigten Chemikalien und Glaswaren enthalten sind und dadurch zu einem gewissen Blindwert führen. Um diesen zu bestimmen, wurden einige Blindanalysen durchgeführt. Dazu wurde nur 3 M Salpetersäure / 1 M Aluminiumnitrat in Volumina von 100 mL und 200 mL als Probelösung verwendet und damit die Thoriumanalytik durchgeführt. Die erhaltenen Ergebnisse sind in den Abbildungen 5.14, 5.15 und 5.16 aufgetragen. Die ersten zehn Präparate wurden mit einem Volumen von 200 mL Probelösung und die Präparate 11 bis 20 mit einem Volumen von 100 mL Probelösung hergestellt. Die durchschnittliche Ausbeute der Versuche lag bei (97 ± 3) %.

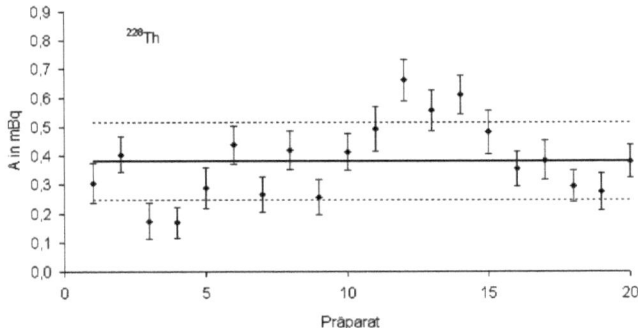

Abbildung 5.14.: Übersicht der Blindwerte für ^{228}Th; die durchgezogene Linie stellt den Mittelwert, die gestrichelten Linien den Vertrauensbereich (Vertrauensniveau 68,3 %) dar.

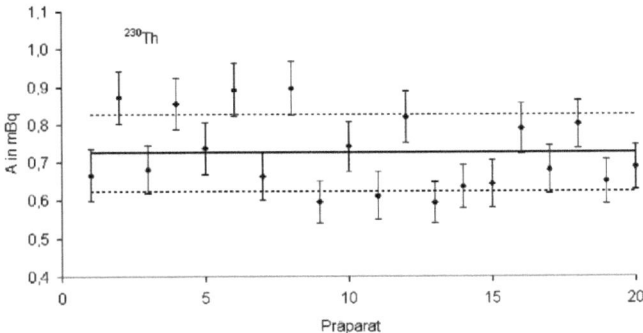

Abbildung 5.15.: Übersicht der Blindwerte für ^{230}Th; die durchgezogene Linie stellt den Mittelwert, die gestrichelten Linien den Vertrauensbereich (Vertrauensniveau 68,3 %) dar.

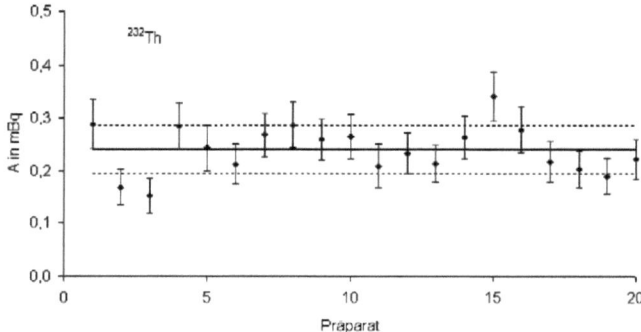

Abbildung 5.16.: Übersicht der Blindwerte für ^{232}Th; die durchgezogene Linie stellt den Mittelwert, die gestrichelten Linien den Vertrauensbereich (Vertrauensniveau 68,3 %) dar.

Die Diagramme zeigen, dass die Ergebnisse der Ansätze mit 100 mL Probelösung nicht von denen mit 200 mL Probelösung unterschieden werden können. Deshalb wird aus allen Daten je ein Mittelwert für jedes Thoriumisotop gebildet. Diese und die jeweils zugehörige Standardabweichung sind in Tabelle 5.4 angegeben.

Tabelle 5.4.: Blindwerte für die Nuklide ^{228}Th, ^{230}Th und ^{232}Th für die Thoriumanalytik; die Unsicherheiten beziehen sich auf ein Vertrauensniveau von 68,3 %.

Nuklid	A / mBq
^{228}Th	0,38 ± 0,13
^{230}Th	0,73 ± 0,10
^{232}Th	0,24 ± 0,05

Diese Blindwerte ergaben sich bei der Durchführung der Thoriumanalytik. Für die Kopplung der Strontium- und Thoriumanalytik musste ebenfalls der Blindwert bestimmt werden. Da es aber nicht möglich ist die Strontiumanalytik ohne Asche durchzuführen, wurde der Blindwert über folgende Vorgehensweise bestimmt. Als Asche wurde Elfenbeinasche einer Probe verwendet, die mindestens 100 Jahre alt ist (Probenbezeichnung BS0018). In dieser Probe sind durch die Nahrung aufgenommenes ^{228}Ra und das dadurch entstandene ^{228}Th praktisch komplett zerfallen. Allerdings kann ^{232}Th in der Probe vorhanden sein. Um die Aktivität von ^{232}Th und dessen Tochternuklid ^{228}Th zu bestimmen, werden 20 g dieser Asche der Thoriumanalytik unterzogen. Die Ergebnisse sind in Tabelle 5.5 gezeigt.

Tabelle 5.5.: Aktivität der Nuklide ^{228}Th, ^{230}Th und ^{232}Th in Elfenbeinasche der Probe BS0018; die Unsicherheiten beziehen sich auf ein Vertrauensniveau von 68,3 %

	^{228}Th	^{230}Th	^{232}Th
A / mBq	0,64 ± 0,07	0,71 ± 0,06	0,51 ± 0,05
A (BW korr) / mBq	0,26 ± 0,15	-0,02 ± 0,12	0,27 ± 0,07
a (BW korr) / mBq/g	0,013 ± 0,07	–	0,014 ± 0,004

Durch die hohen Unsicherheiten, speziell der verwendeten Blindwerte, weisen die erhaltenen blindwertkorrigierten Aktivitäten, A (BW korr), ebenfalls eine hohe Unsicherheit auf. Im Fall des ^{230}Th ergibt sich rein rechnerisch eine negative Aktivität. Das bedeutet, dass die in der Asche möglicherweise enthaltene Aktivität an ^{230}Th so klein ist, dass sie in Anbetracht des Blindwerts vernachlässigt werden kann. Für die Isotope ^{232}Th und ^{228}Th sind zusätzlich die Werte der blindwertkorrigierten spezifischen Aktivität bezogen auf die eingesetzte Aschenmasse a (BW korr) angegeben. Die Ausbeute der Analyse lag bei 96 %. Mit dieser Asche wurden nun sechs Versuche der gekoppelten Strontium- und Thoriumanalytik durchgeführt. Eingesetzt wurden jeweils 8,3 g der Asche (entspricht 3 g Calcium). Die erhaltenen Messergebnisse für die Aktivitäten von ^{228}Th und ^{232}Th konnten nun um die in der Asche vorhandene Aktivität der Nuklide unter Berücksichtigung der Ausbeute korrigiert werden. Für ^{230}Th entfällt diese Korrektur, da dieses Nuklid in der Asche nicht oberhalb dem Blindwert nachgewiesen werden konnte. Die verbleibende Aktivität stammt somit nur aus den Reagenzien und den verwendeten Geräten und wird deswegen als Blindwert der gekoppelten Strontium- und Thoriumanalytik verwendet. Die Blindwerte der sechs Versuche, der Mittelwert der Blindwerte und die Standardabweichung sind in Tabelle 5.6 zusammengefasst. Die Ausbeute der Versuche lag im Mittel bei (88 ± 2) %.

Tabelle 5.6.: Blindwerte für die Nuklide ^{228}Th, ^{230}Th und ^{232}Th für die gekoppelte Strontium- und Thoriumanalytik; die Unsicherheiten beziehen sich auf ein Vertrauensniveau von 68,3 %.

Versuch	A(^{228}Th) / mBq	A(^{230}Th) / mBq	A(^{232}Th) / mBq
1	0,34 ± 0,10	0,89 ± 0,07	0,51 ± 0,06
2	0,36 ± 0,10	0,80 ± 0,07	0,29 ± 0,06
3	0,52 ± 0,10	0,97 ± 0,08	0,54 ± 0,07
4	0,65 ± 0,10	1,12 ± 0,08	0,52 ± 0,07
5	0,59 ± 0,10	0,69 ± 0,09	0,31 ± 0,08
6	0,50 ± 0,10	0,68 ± 0,07	0,19 ± 0,05
Mittelwert	0,49	0,86	0,39
Standardabw.	0,12	0,17	0,15

Die erhaltenen Blindwerte für die gekoppelte Strontium- und Thoriumanalytik liegen tendenziell höher als die Blindwerte bei der alleinigen Thoriumanalytik. Dies ist plausibel, da bei der gekoppelten Analytik der Reagenzien- und Geräteeinsatz größer ist und damit mehr Thorium eingeschleppt werden kann.

Es steht nun sowohl ein Blindwert für die alleinige Thoriumanalytik als auch ein Blindwert für die gekoppelte Strontium- und Thoriumanalyse zur Verfügung.

5.2.3. Validierung der Thoriumbestimmung

Die Validierung der Thoriumbestimmung erfolgte mit einem Standardmaterial von NIST (National Institute of Standards and Technology). Es hat die Bezeichnung SRM (Standard Reference Material) 4356. Dabei handelt es sich um Knochenasche, die einige Radionuklide mit zertifizierter Aktivität enthält, unter anderen ^{90}Sr, ^{230}Th und ^{232}Th. Die Daten [34] zu diesen Nukliden sind in Tabelle 5.7 zusammengefasst:

Tabelle 5.7.: Daten des NIST Standards 4356; Bezugsdatum ist der 31.12.1995. Die Unsicherheiten beziehen sich auf ein Vertrauensniveau von 95 %

Nuklid	a / mBq/g	Toleranzschwelle 2,5 % bis 97,5 %	Anzahl an Analysen
^{90}Sr	42,6 ± 0,9	36,4 - 49,5	32
^{230}Th	0,52 ± 0,03	0,34 - 0,89	45
^{232}Th	0,98 ± 0,03	0,85 - 1,46	48

Die gelieferte Asche wurde zuerst nach dem üblichen Prozedere vollständig verascht. Die Farbe änderte sich dadurch von leicht gräulich in weiß. Mit der Asche wurden insgesamt fünf Präparationen durchgeführt. Einmal wurde die Thoriumanalytik und vier mal die gekoppelte Strontium- und Thoriumanalytik durchgeführt. Die Messzeit jeder Probe lag bei rund 600000 s. Bei der Auswertung werden die für jedes Analyseverfahren bestimmten Blindwerte verwendet. Die Ergebnisse sind in Tabelle 5.8 dargestellt. Die Tabelle enthält die eingesetzte Masse an NIST Asche m(Asche) und die ermittelten spezifischen Aktivitäten a der Nuklide ^{230}Th und ^{232}Th bezogen auf die eingesetzte Aschenmasse. Zudem ist jeweils der gebildete Mittelwert und die Standardabweichung angegeben.

Tabelle 5.8.: Ergebnisse der Validierung der Thoriumanalytik für die im Standard zertifizierten Nuklide ^{230}Th und ^{232}Th; die Unsicherheiten beziehen sich auf ein Vertrauensniveau von 68,3 %.

Verfahren	m(Asche) / g	a(^{230}Th) / mBq/g	a(^{232}Th) / mBq/g
Thoriumanalytik	4,94	0,33 ± 0,03	0,94 ± 0,05
gekoppelte Analytik	4,92	0,66 ± 0,05	0,97 ± 0,03
gekoppelte Analytik	4,92	0,46 ± 0,05	0,95 ± 0,05
gekoppelte Analytik	4,92	0,51 ± 0,05	0,91 ± 0,05
gekoppelte Analytik	4,95	0,42 ± 0,05	0,96 ± 0,05
Mittelwert		0,48	0,95
Standardabw.		0,12	0,02

Mit den erhaltenen Ergebnissen wird der im Datenblatt des NIST Standards [34] empfohlene t-Test durchgeführt. Das Ergebnis für beide Nuklide ist die Eignung des Analyseverfahrens. Die spezifische Aktivität des Nuklids ^{230}Th hat im Vergleich zu der von ^{232}Th eine deutlich höhere Standardabweichung. Ein möglicher Grund dafür ist die Nähe der ^{230}Th-Peaks zu denen von ^{229}Th, wodurch eine gewisse Störung nicht ausgeschlossen werden kann. Die Peaks des ^{232}Th liegen dagegen völlig isoliert (vgl. Abbildung 5.17).

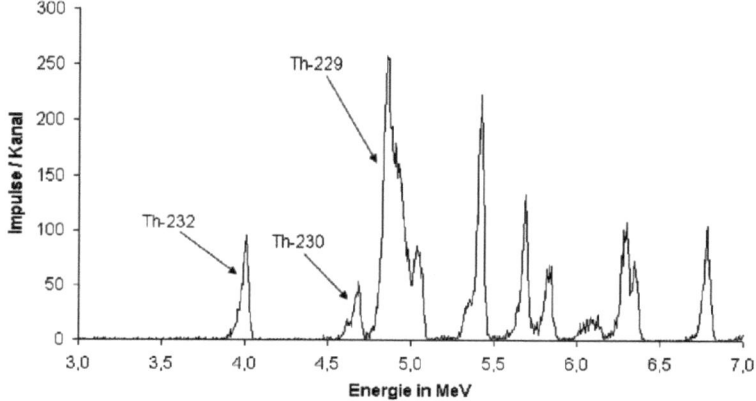

Abbildung 5.17.: Thoriumspektrum eines NIST Standard Präparats

Durch die Validierung ist gezeigt, dass die verwendete Analysemethode für Thorium, mit und ohne Kopplung, im Rahmen der Unsicherheiten die richtigen Ergebnisse liefert. Diese Aussage bestätigt zudem die Richtigkeit der neu bestimmten Aktivität des ^{229}Th Ausbeutetracers (vgl. Kapitel 4.3.4), die bei der Auswertung eingesetzt worden ist. Wäre die Aktivität falsch, würde sich das auf die damit bestimmten Aktivitäten auswirken und die Validierung wäre nicht erfolgreich gewesen.

5.2.4. Beobachtungen zur Form von Thorium α-Peaks

Durch die Auswertung von Thoriumspektren unter der Verwendung von Fitfunktionen (vgl. 2.3.3) für die auszuwertenden Peaks, wurde die Beobachtung gemacht, dass speziell die Peaks von ^{229}Th nicht mit denen der Fitfunktionen übereinstimmen. In Abbildung 5.18 ist ein Ausschnitt eines Spektrums gezeigt, in dem sowohl die gemessenen Signale als auch die berechnete Fitfunktion von ^{229}Th eingetragen sind. Das Spektrum wurde auf Schiene zwei in einer Octête Kammer gemessen.

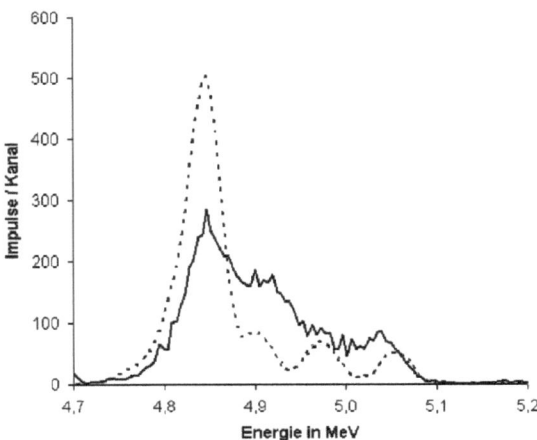

Abbildung 5.18.: Die durchgezogene Linie zeigt die gemessenen Impulse des ^{229}Th (Schiene 2), die gestrichelte Linie zeigt die Fitfunktion anhand der Literaturdaten.

Das Verhältnis zwischen Peak und Fitfunktion ist so eingestellt, dass die Gesamtzahl an Impulsen im gewählten ROI Bereich (Kanäle: 363 - 447) gleich groß ist. Der Grafik ist zu entnehmen, dass der Energiebereich zwischen gemessenen Signalen und dem Fit gut übereinstimmt. Die Höhe zwischen den gemessenen Peaks und dem Fit zeigt dagegen keine gute Übereinstimmung. Die Höhe der Fitfunktion wird durch die Emissionswahrscheinlichkeiten des ^{229}Th beeinflusst. Der Grund für die Unterschiede zwischen gemessenen Signalen und Fitfunktion kann also entweder durch Fehler in den Emissionswahrscheinlichkeiten oder durch mögliche Verunreinigungen hervorgerufen werden. Da solch drastische Fehler in den Emissionswahrscheinlichkeiten eher unwahrscheinlich sind, wurde der Thoriumtracer auf mögliche Verunreinigungen überprüft. Dazu wurde die ^{229}Th Standardlösung direkt elektroplattiert und die Präparate gemessen. Die erhaltenen Spektren zeigen die gleichen Peakformen wie die der Präparate mit denen die Thoriumanalytik durchgeführt worden ist. Somit kommen nur Verunreinigungen in Frage, die sich dem Thorium sehr ähnlich verhalten und α-Strahlung im gleichen Energiebereich aussenden. Um besser aufgelöste Spektren zu erhalten, wurde der Abstand zwischen Detektor und Probe erhöht. Schiene 11 ergibt den maximal möglichen Abstand von der Probe zum Detektor. Abbildung 5.19 zeigt den Ausschnitt für ^{229}Th aus diesem Spektrum und den errechneten Fit.

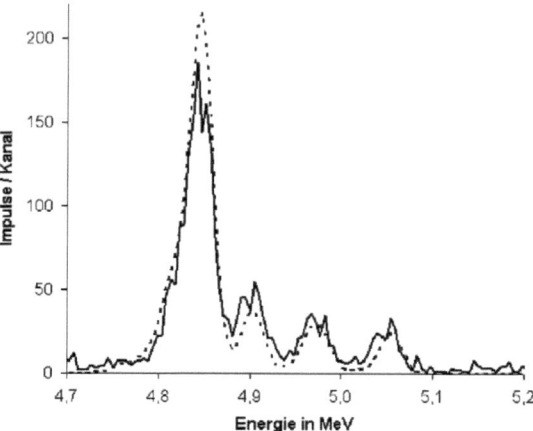

Abbildung 5.19.: Die durchgezogene Linie zeigt die gemessenen Impulse des ^{229}Th (Schiene 11), die gestrichelte Linie zeigt die Fitfunktion anhand der Literaturdaten.

Interessanterweise stimmte diesmal die Fitfunktion sehr gut mit den gemessen Impulsen überein. Das Präparat wurde dann noch auf Schiene 4 und 8 gemessen. Das Resultat ist, dass sich die Übereinstimmung zwischen den gemessen Impulsen und der Fitfunktion mit steigendem Abstand der Probe zum Detektor verbessert. Um dieses Ergebnis zu überprüfen, wurde der Versuch mit einem anderem Thoriumpräparat in einer anderen α-Kammer wiederholt. Die Messungen ergaben dasselbe Ergebnis wie in der Messreihe zuvor. Für die Peaks der anderen gemessenen Thoriumisotope, ^{228}Th, ^{230}Th und ^{232}Th konnte das gleiche Verhalten festgestellt werden. Allerdings sind die Abweichungen aufgrund der einfacheren Signalstrukturen weniger auffällig. Eine Erklärung für dieses Verhalten konnte nicht gefunden werden. Für diese Arbeit wichtiger ist allerdings, ob die Ergebnisse durch die unterschiedlichen Peakformen beeinträchtigt werden. Dazu wurden die Spektren von den beiden Präparaten, jeweils gemessen auf den Schienen 2, 4, 8 und 11, ausgewertet und die Ergebnisse verglichen. Dies ist in Tabelle 5.9 zusammengefasst. In der zweiten Spalte ist die Messzeit t_m und in den folgenden Spalten die spezifische Aktivität a der Thoriumisotope bezogen auf die Aschemasse angegeben.

Tabelle 5.9.: Ergebnisse von zwei Thoriumpräparaten, gemessen in verschiedenen Abständen zum Detektor; die Unsicherheiten beziehen sich auf ein Vertrauensniveau von 68,3 %

1. Präparat

Schiene	t_m / s	$a(^{228}Th)$ / mBq/g	$a(^{230}Th)$ / mBq/g	$a(^{232}Th)$ / mBq/g
2	696328	1,83 ± 0,05	0,49 ± 0,04	0,97 ± 0,04
4	1561260	1,90 ± 0,05	0,46 ± 0,04	0,96 ± 0,04
8	2141785	1,93 ± 0,06	0,43 ± 0,04	1,00 ± 0,04
11	1658748	1,90 ± 0,09	0,49 ± 0,06	1,03 ± 0,06

2. Präparat

Schiene	t_m / s	$a(^{228}Th)$ / mBq/g	$a(^{230}Th)$ / mBq/g	$a(^{232}Th)$ / mBq/g
2	509739	1,78 ± 0,06	0,47 ± 0,04	1,00 ± 0,04
4	1712183	1,93 ± 0,05	0,49 ± 0,04	0,99 ± 0,03
8	2257655	1,87 ± 0,06	0,49 ± 0,04	0,99 ± 0,04
11	1652756	1,83 ± 0,09	0,39 ± 0,05	1,12 ± 0,06

Die erhaltenen Ergebnisse für die beiden Präparate zeigen, dass diese unabhängig vom Abstand zwischen Präparat und Detektor sind. Damit hat die nicht mit den Literaturangaben übereinstimmende Form der Thoriumpeaks bei geringem Abstand zwischen Präparat und Detektor zumindest keine nachteilige Auswirkung auf die ermittelten Aktivitäten der Thoriumisotope.

6. Bestimmung von ^{14}C und ^{228}Th/^{232}Th in Elfenbeinproben

6.1. Ermittlung geeigneter Probenahmestellen an einem kompletten Elefantenstoßzahn

Aufgrund des in Kapitel 2.4 beschriebenen Wachstums von Elfenbein ist davon auszugehen, dass der Gehalt an den Targetnukliden ^{14}C und ^{228}Th/^{232}Th nicht über den gesamten Stoßzahn konstant ist, da das Wachstum am Stoßzahnstumpf statt findet. Für die Bestimmung des Todeszeitpunkts eines Tiers durch die Analyse dessen Elfenbeins spielt deshalb der Ort der Probenahme eine wichtige Rolle. Zur Ermittlung der Verteilung der genannten Nuklide in einem Stoßzahn stand ein geeigneter Stoßzahn, bereitgestellt durch das Bundesamt für Naturschutz, zur Verfügung. Von diesem ist nur bekannt, dass er 2005 beschlagnahmt worden ist. Der Todeszeitpunkt des Tieres wird kurz vor der Beschlagnahmung vermutet. Ansonsten sind keine Daten vorhanden. In Tabelle 6.1 sind die Abmessungen und das Gewicht des Stoßzahns zusammengefasst.

Tabelle 6.1.: Abmessungen und Gewicht des analysierten Stoßzahns

gesamte Länge	187 cm
Länge des von außen sichtbaren Teils	130 cm
Länge des verdeckten Teils	57 cm
Durchmesser am Stumpf	40 cm
Durchmesser an der Grenze sichtbarer/verdeckter Teil	38 cm
Länge der Pulpa	65 cm
Gesamtgewicht	17,2 kg

Anhand der Daten wurde zunächst das wahrscheinlichere Geschlecht des Tiers bestimmt. Der Durchmesser am Stumpf, die Gesamtlänge und die Länge des verdeckten Teils sprechen beim Vergleich mit den von Elder [8] präsentierten Daten für einen männlichen Elefanten. Mit dem nun bestimmtem Geschlecht wurde dann das Alter anhand des Gesamtgewichts und dem Durchmesser an der Grenze zwischen sichtbarem und verdecktem Teil durch den Vergleich mit den Daten von Pilgram und Western [39] abgeschätzt. Daraus ergab sich ein Alter des Elefanten von ca. 30 Jahren.

Der Stoßzahn wurde in verschiedenen Schritten zersägt, um an geeignete Proben für die Analytik zu gelangen. Das Zersägen wurde von einem Mitarbeiter der mechanischen Werkstatt Chemie/Pharmazie mit einer Bandsäge durchgeführt. Zuerst wurde der Stoßzahn der Länge nach in zwei Hälften geschnitten. Eine dieser Hälften wurde dann transversal in 45 Teile zersägt, wobei jede der Proben ca. 4 cm lang war, gemessen an der äußeren Biegung des Stoßzahns. Die einzelnen Fragmente sind mit BfN7-R1, BfN7-R2 usw. bezeichnet. In Abbildung 6.1 ist eine Skizze der Einteilung gezeigt. Zusätzlich ist die Probenbezeichnung von den Stücken angegeben, die nachfolgend auf ^{14}C und ^{228}Th/^{232}Th analysiert worden sind. Diese sind in der Skizze schraffiert dargestellt.

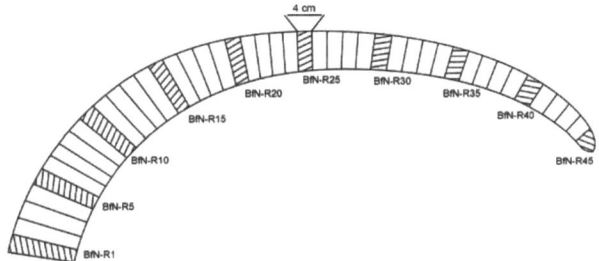

Abbildung 6.1.: Skizze der Einteilung des Stoßzahns. Die analysierten Proben sind schraffiert dargestellt und die jeweilige Bezeichnung ist angegeben.

Die ausgewählten Proben wurden mit der Bandsäge in dünne Scheiben geschnitten, um so repräsentative Teilproben entnehmen zu können. Zusätzlich wurde die äußerste Schicht bei den Proben des exponierten Teils des Stoßzahns entfernt, um den Eintrag von möglichen Verunreinigungen dieser Schicht zu vermeiden. Die Proben BfN7-R1 und BfN7-R45 wurden komplett verbrannt, bei den anderen wurde nur eine Teilprobe für die Analytik verwendet. Tabelle 6.2 fasst die für die Verbrennungen eingesetzten Massen m(Elfenbein) an Elfenbein und die für die gekoppelte Strontium- und Thoriumanalytik eingesetzte Elfenbeinasche m(Asche) zusammen.

Tabelle 6.2.: m(Elfenbein) entspricht der eingesetzten Masse an Elfenbein für die Verbrennung. m(Asche) entspricht der eingesetzten Masse an Elfenbeinasche für die gekoppelte Strontium- und Thoriumanalytik.

Probename	m(Elfenbein) / g	m(Asche) / g
BfN7-R1	10,36	5,89
BfN7-R5	19,60	10,54
BfN7-R10	17,20	9,13
BfN7-R15	11,52	6,22
BfN7-R20	16,93	8,87
BfN7-R25	16,60	8,85
BfN7-R30	17,16	8,79
BfN7-R35	14,78	7,84
BfN7-R40	15,40	7,97
BfN7-R45	10,87	5,59

Die ^{14}C Bestimmung wurde anhand der optimierten Methode durchgeführt. Der ermittelte ^{14}C Gehalt ist in Abbildung 6.2 gegen die Lage der Probe aufgetragen. Die Lage der Probe ergibt sich aus dem Abstand des Mittelpunkts einer Probe bis zum Stumpf des Stoßzahns, gemessen an der Außenseite.

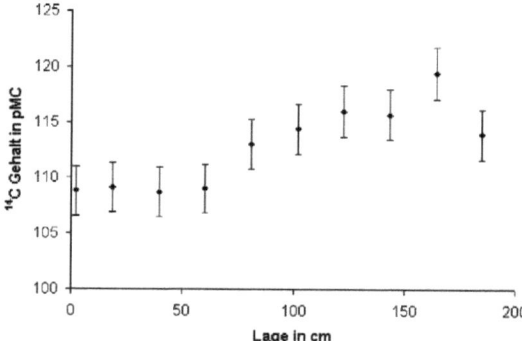

Abbildung 6.2.: Ergebnisse des ^{14}C Gehalts in ausgewählten Proben eines kompletten Stoßzahns. Die Messunsicherheiten beziehen sich auf ein Vertrauensniveau von 68,3 %.

Die Daten zeigen, dass der ^{14}C Gehalt vom Stumpf zur Spitze zumindest leicht anzusteigen scheint. Dieses Ergebnis wird als plausibel bewertet, da das Elfenbeinwachstum am Stumpf stattfindet und das Material an der Spitze damit das älteste sein muss. Ermittelt man aus den pMC Werten mit Hilfe einer Bombenkurve den zugehörigen Zeitraum (detaillierte Beschreibung in Kapitel 6.2), ergibt sich für den minimalen Wert von (108,8 ± 2,2) pMC ein Zeitraum von 1996 bis 2005. Der maximale Wert der Probe BfN7-R40 von (119,4 ± 2,3) pMC ergibt einen Zeitraum von 1985 bis 1989. Die verhältnismäßig großen Zeitspannen ergeben sich durch den flachen Verlauf der Bombenkurve (vgl. 2.1) in diesem Zeitbereich. Der im Mittel erhaltene Altersunterschied der beiden Proben liegt bei knapp 15 Jahren und ist damit deutlich geringer als das abgeschätzte Alter des Elefanten von ca. 30 Jahren. Allerdings sind beide Angaben relativ ungenau.

Überträgt man dieses Ergebnis auf einen Stoßzahn, der von einem Tier stammt, welches um 1970 geboren und 30 Jahre alt wurde, wären aufgrund der höheren Steigung der Bombenkurve in diesem Zeitraum die Ergebnisse für den Stoßzahnstumpf und der Spitze deutlicher voneinander zu unterscheiden. Da es sich beim Stoßzahnstumpf um den zuletzt gewachsenen Teil des Stoßzahns handelt, ergibt sich aus dessen ^{14}C Wert der gesuchte Todeszeitraum des Elefanten.

In Abbildung 6.3 sind die Ergebnisse der Thoriumanalytik gegen die Lage der jeweiligen Probe aufgetragen. Im rechten Diagramm wurde dazu das Verhältnis aus ^{228}Th und ^{232}Th gebildet, ^{228}Th/^{232}Th. Bei der Auswertung wird nur der Nulleffekt berücksichtigt, nicht der Blindwert. Die eingesetzte Aschenmasse fließt ebenfalls nicht in die Auswertung ein. Es werden also einfach die gemessenen, nulleffektkorrigierten Impulse von ^{228}Th (N(^{228}Th)) durch die von ^{232}Th (N(^{232}Th)) unter Berücksichtigung der jeweiligen Emissionswahrscheinlichkeit Y geteilt (Gleichung 6.1).

$$^{228}Th/^{232}Th = \frac{N(^{228}Th) \cdot Y(^{232}Th)}{N(^{232}Th) \cdot Y(^{228}Th)} \tag{6.1}$$

Im rechten Diagramm wird die spezifische Aktivität von ^{228}Th gegen die Lage der Probe aufgetragen. Bei dieser Auswertung werden von den nulleffektkorrigierten Nettoimpulsen von ^{228}Th (N(^{228}Th)) die von ^{232}Th (N(^{232}Th)) abgezogen. Auf diese Weise wird nur der Anteil an ^{228}Th berücksichtigt, der durch ^{228}Ra entstanden ist, welches durch die Nahrung aufgenommen worden ist. Dabei wird angenommen, dass der Gehalt an ^{232}Th im Elfenbein vernachlässigbar ist und das Verhältnis von ^{228}Th zu ^{232}Th im Blindwert eins ist. Ersteres zeigte sich bei der Auswertung der durchgeführten Elfenbeinanalysen, in der der gemessene Wert für

^{232}Th fast immer im Bereich des Blindwerts lag. Letzteres konnte anhand der Blindwertanalysen für Thorium abgeschätzt werden. Aus den verbleibenden Impulsen für ^{228}Th (N(^{228}Th)-N(^{232}Th)) wurde mit Hilfe der Gleichung der Isotopenverdünnungsanalyse die Aktivität von ^{228}Th (A(^{228}Th)) berechnet (vgl. Gleichung 2.30). Dieser Wert wird anschließend noch durch die eingesetzte Masse an Elfenbeinasche geteilt und man erhält die spezifische Aktivität von ^{228}Th bezogen auf die Aschenmasse, a(^{228}Th).

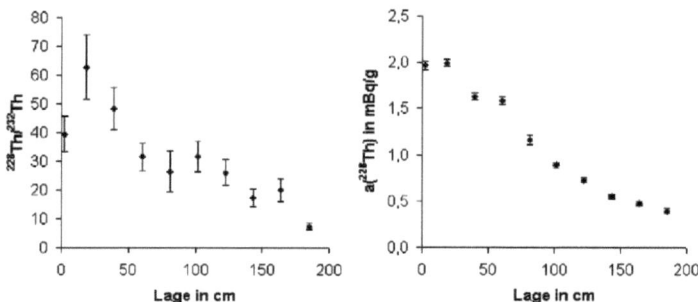

Abbildung 6.3.: Ergebnisse der Thoriumbestimmung in ausgewählten Proben eines kompletten Stoßzahns. Die Messunsicherheiten beziehen sich auf ein Vertrauensniveau von 68,3 %.

Die Ergebnisse zeigen, dass sich in beiden Fällen ein eindeutiger Trend erkennen lässt. Die im linken Diagramm aufgetragenen Verhältnisse von ^{228}Th zu ^{232}Th werden mit zunehmendem Abstand zum Stumpf des Stoßzahns immer kleiner. Im rechten Diagramm zeigt sich die gleiche Situation: mit zunehmendem Abstand sinkt die spezifische Aktivität von ^{228}Th. Durch die Einbeziehung der eingesetzten Aschenmasse schwanken die ermittelten Ergebnisse deutlich weniger als im linken Diagramm. Die im Vergleich zum rechten Diagramm großen Unsicherheiten werden durch die sehr kleinen und damit relativ unsicheren Werte für ^{232}Th verursacht. Das Alter der analysierten Teilproben steigt mit abnehmendem ^{228}Th/^{232}Th Verhältnis bzw. spezifischer Aktivität von ^{228}Th. Damit ergibt sich das gleiche Ergebnis wie aus der ^{14}C Bestimmung. Der jüngste, zuletzt gewachsene Teil des Stoßzahns befindet sich am Stoßzahnstumpf und der älteste Teil ist die Spitze des Stoßzahns.

Damit muss die Probenahme bei einem ganzen Stoßzahn nach Möglichkeit am Stumpf erfolgen. So wird der zuletzt gewachsene Teil analysiert, dessen Wachstumszeitraum am besten mit dem Todeszeitraum übereinstimmt.

6.2. Ermittlung des Todeszeitraums von unabhängig datierten Elfenbeinproben

Um die Datierungsmethode zu verifizieren, wurden insgesamt 19 unabhängig datierte Elfenbeinproben analysiert. Die Probennamen und das jeweils bekannte Todesjahr des Elefanten sind in Tabelle 6.3 zusammengefasst.

Tabelle 6.3.: Todesjahr der unabhängig datierten Elfenbeinproben

Probenname	Todesjahr
BfN3	1906
BfN4	1906
BfN5	1906
BfN15	1953
BfN16	1968
BfN17	1962
BfN18	1953
BfN19	1978
BfN20	1965
BfN21	1965
BfN23	1988
BfN38	2010
BfN39	2007
BfN40	2007
BfN41	1998
BfN42	1999
BfN44	1997
BfN45	1994
BfN46	2011

Alle Proben stammen sicher bzw. höchstwahrscheinlich vom Stoßzahnstumpf. Bei den Proben BfN15 bis BfN21 trifft dies auf jeden Fall zu, da diese Proben selbst vom kompletten Stoßzahn abgesägt worden sind. Diese Proben wurden durch die Zoologische Staatssammlung München zur Verfügung gestellt. Die restlichen Proben sind vom Bundesamt für Naturschutz zugesandt worden. Da alle Proben nur aus sehr dünnen Elfenbeinstücken bestanden, kann davon ausgegangen werden, dass diese ebenfalls vom Stoßzahnstumpf stammen. Nur dort kommt das Elfenbein so dünn vor.

Bei allen wurde die optimierte ^{14}C Analytik und die gekoppelte Strontium- und Thoriumanalytik angewandt. Die Berechnung des pMC-Wertes erfolgt analog zur Validierung der ^{14}C Analytik nach Gleichung 5.3. Da der δ^{13}C-Wert der Proben aber nicht bekannt ist, wird für alle Elfenbeinproben der gleiche Wert eingesetzt. Dieser wurde durch Mittlung zweier in der Literatur [60], [63] gefundener Datensätze ermittelt. Daraus ergibt sich ein Wert von (-19,7 ± 2,4) ‰. Da der Einfluss des δ^{13}C-Wertes auf das Ergebnis relativ gering ist, speziell im Hinblick auf die Bestimmungsunsicherheiten, ist diese Vorgehensweise akzeptabel. Damit aus dem ^{14}C Gehalt in der Einheit pMC ein Altersbereich ermittelt werden kann, muss eine Bombenkurve zu Hilfe genommen werden. Aus einer Vielzahl an publizierten Kurven fiel die Wahl auf die Kurve für die südliche Hemisphäre von Hua & Barbetti [16]. Diese Kurve wurde durch Mittlung mehrerer Bombenkurven im Bereich der südlichen Hemisphäre gebildet und deckt damit einen Großteil des natürlichen Lebensraums von Elefanten ab. Zu dieser Kurve wurden zwei Fitfunktionen gebildet, eine von 1955 bis zum Maximum des pMC-Werts bei 1965 und die zweite ab 1965. Die Werte im Zeitraum zwischen 2000 und 2010 werden durch exponentielle Extrapolation gebildet. Als Fitfunktion kommt in beiden Fällen ein Polynom 6. Grades zum Einsatz. Die Bombenkurve und die Fitfunktionen sind in Abbildung 6.4 dargestellt.

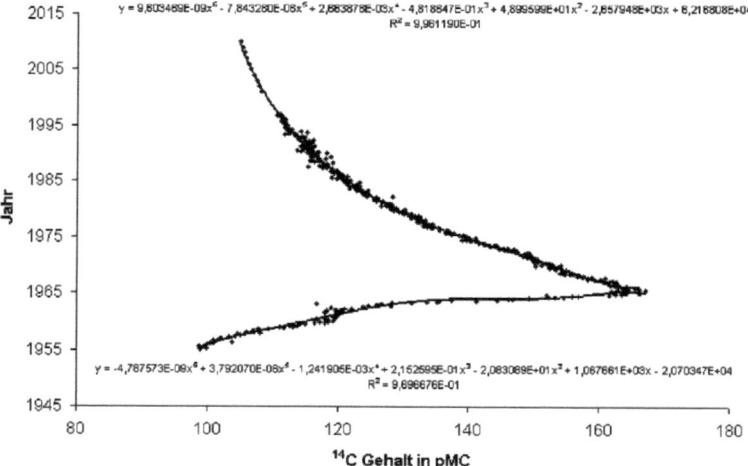

Abbildung 6.4.: Bombenkurve der südlichen Hemisphäre [16]. Daten von 2000 bis 2010 durch Extrapolation. Die durchgezogenen Linien ergeben sich durch polynomischen Fit (6. Grades)

Die angegebenen Unsicherheiten der einzelnen Datenpunkte der Bombenkurve liegen meist bei etwa 0,5 % (Vertrauensniveau 68,3 %) [16]. Da die Unsicherheit der ^{14}C Bestimmung mit einem Wert von ca. 2 % (Vertrauensniveau 68,3 %) deutlich höher liegt, wird die Unsicherheit der Bombenkurve vernachlässigt. Um einem pMC-Wert ein Alter zuzuordnen, wird dieser in das jeweilige Polynom eingesetzt und man erhält als Ergebnis eine Jahreszahl vor und eine nach dem Maximum der Bombenkurve von 1965. Der pMC-Wert ist aber mit einer Unsicherheit behaftet und so ergibt sich der resultierende Zeitraum, indem sowohl der untere mögliche pMC-Wert als auch der obere mögliche pMC-Wert in beide Fitfunktionen eingesetzt werden. Dadurch erhält man sowohl für den Zeitbereich vor 1965 als auch nach 1965 jeweils einen möglichen Zeitraum. Eine Besonderheit tritt auf bei pMC-Werten $\leq$ 100, da hier das natürliche Niveau des ^{14}C Gehalts erreicht ist. Somit lautet das Ergebnis für solche Werte " < 1955 ", da eine weitere Differenzierung nicht möglich ist. In Tabelle 6.4 sind die Ergebnisse zu den 19 unabhängig datierten Proben zusammengefasst.

Tabelle 6.4.: ^{14}C Ergebnisse der unabhängig datierten Elfenbeinproben. Die Unsicherheiten beziehen sich auf ein Vertrauensniveau von 95 %.

Proben-name	^{14}C Gehalt / pMC	< 1965 mittleres Alter	< 1965 Altersbereich	> 1965 mittleres Alter	> 1965 Altersbereich
BfN3	99,6 ± 4,2	<1955	<1955 - 1957,2	2028,8	2012,6 - 2053,8
BfN4	100,3 ± 4,2	1956,1	<1955 - 1957,4	2025,6	2010,5 - 2048,9
BfN5	95,9 ± 3,9	<1955	<1955	2050,3	2027,9 - 2083,8
BfN15	96,1 ± 4,1	<1955	<1955 - 1955,9	2048,8	2026,0 - 2083,7
BfN16	161,7 ± 5,7	1964,9	1964,3 - 1965,1	1966,5	1966,4 - 1968,5
BfN17	127,0 ± 4,8	1962,8	1961,8 - 1963,5	1980,9	1978,2 - 1984,2
BfN18	97,3 ± 4,1	<1955	<1955 - 1956,4	2041,4	2021,0 - 2072,6
BfN19	132,5 ± 5,0	1963,5	1962,9 - 1963,8	1977,9	1975,6 - 1980,6
BfN20	176,9 ± 6,1	1963,4	1963,3 - 1963,5	1965,0	1964,7 - 1965,7
BfN21	175,7 ± 6,0	1963,3	1963,3 - 1963,4	1965,1	1964,7 - 1965,9
BfN23	119,7 ± 4,1	1961,2	1960,1 - 1962,1	1986,3	1983,1 - 1990,3
BfN38	103,0 ± 3,7	1956,9	<1955 - 1957,9	2015,1	2004,8 - 2030,1
BfN39	105,6 ± 4,1	1957,7	1956,4 - 1958,7	2007,5	1998,7 - 2020,6
BfN40	110,3 ± 3,8	1958,8	1957,9 - 1959,8	1997,5	1992,0 - 2005,2
BfN41	112,2 ± 4,1	1959,3	1958,3 - 1960,2	1994,6	1989,5 - 2001,6
BfN42	111,5 ± 4,1	1959,1	1958,1 - 1960,1	1995,7	1990,4 - 2003,1
BfN44	113,3 ± 3,9	1959,6	1958,6 - 1960,6	1993,1	1988,6 - 1999,1
BfN45	112,7 ± 3,9	1959,4	1958,5 - 1960,4	1994,0	1989,3 - 2000,3
BfN46	104,6 ± 3,7	1957,4	1956,2 - 1958,3	2010,0	2001,1 - 2022,7

Das mittlere Alter ergibt sich aus dem ermittelten pMC-Wert, die obere und untere Grenze des Altersbereichs entsprechen den Jahreszahlen, die sich durch Berücksichtigung der Unsicherheit des pMC-Werts ergeben. Zusätzlich werden die beiden Zeiträume < 1965 und > 1965 unterschieden.

Die Auswertung der Thoriumspektren der Proben erfolgt nach dem gleichen Prinzip wie in Kapitel 6.1 beschrieben. Als Ergebnis erhält man das Verhältnis aus ^{228}Th und ^{232}Th und die spezifische Aktivität von ^{228}Th bezogen auf die Aschenmasse. Die Ergebnisse der einzelnen Proben sind in Tabelle 6.5 präsentiert.

Tabelle 6.5.: Ergebnisse der Thoriumanalytik in unabhängig datierten Elfenbeinproben. Die Unsicherheiten beziehen sich auf ein Vertrauensniveau von 68,3 %.

Probenname	^{228}Th/^{232}Th	a(^{228}Th) / mBq/g	NWG / mBq/g	Ausbeute
BfN3	1,7 ± 0,4	< NWG	0,02	80 %
BfN4	1,6 ± 0,4	< NWG	0,04	88 %
BfN5	2,0 ± 0,4	0,05 ± 0,02	0,03	94 %
BfN15	1,5 ± 0,3	< NWG	0,03	57 %
BfN16	1,4 ± 0,3	< NWG	0,02	76 %
BfN17	1,4 ± 0,3	< NWG	0,08	37 %
BfN18	1,4 ± 0,3	< NWG	0,04	52 %
BfN19	2,5 ± 0,4	0,09 ± 0,02	0,03	83 %
BfN20	2,4 ± 0,6	0,05 ± 0,01	0,03	88 %
BfN21	1,7 ± 0,4	< NWG	0,04	37 %
BfN23	4,4 ± 0,7	0,16 ± 0,02	0,02	86 %
BfN38	38 ± 10	4,7 ± 0,2	0,2	17 %
BfN39	34 ± 5	2,2 ± 0,1	0,03	82 %
BfN40	8,4 ± 1,4	0,28 ± 0,02	0,03	96 %
BfN41	17 ± 3	0,42 ± 0,02	0,02	94 %
BfN42	34 ± 5	1,7 ± 0,1	0,03	95 %
BfN44	15 ± 4	1,8 ± 0,1	0,2	15 %
BfN45	4,3 ± 0,8	0,41 ± 0,05	0,09	38 %
BfN46	9,4 ± 2,0	0,51 ± 0,04	0,05	42 %

Zur besseren Veranschaulichung werden die Daten aus der Thoriumanalytik gegen das bekannte Todesjahr aufgetragen. Dies ist in Abbildung 6.5 dargestellt. Im linken Diagramm ist das Verhältnis aus ^{228}Th zu ^{232}Th und im rechten Diagramm die spezifische Aktivität von ^{228}Th bezogen auf die Aschenmasse gegen das Todesjahr aufgetragen.

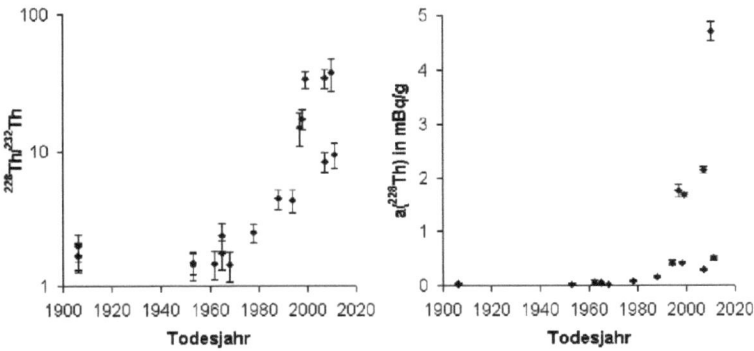

Abbildung 6.5.: Ergebnisse der Thoriumanalytik der unabhängig datierten Elfenbeinproben. Die Unsicherheiten beziehen sich auf ein Vertrauensniveau von 68,3 %.

In beiden Diagrammen ist ein Anstieg der Werte erst ab etwa 1980 zu erkennen. Allerdings ist die Probenanzahl speziell in diesem Bereich zu gering, um konkretere Aussagen treffen zu können. Dennoch kann mit Hilfe der vorliegenden Daten aus der Thoriumanalyse aus den beiden Zeitbereichen, die sich aus der ^{14}C Bestimmung ergeben haben, der wahrscheinlichere ausgewählt werden. Den Probennamen aufsteigend von BfN23 bis BfN46 kann so der spätere (>1965) der beiden Zeiträume zugeordnet werden, da die Werte der Verhältnisse von ^{228}Th zu ^{232}Th zwischen 4 und 38 liegen und die ermittelten Aktivitäten von ^{228}Th jeweils deutlich über der Nachweisgrenze liegen. Bei den Proben BfN20 und BfN21 liegen die beiden Zeiträume sehr dicht zusammen. Da bei Probe BfN21 die spezifische Aktivität von ^{228}Th unter der Nachweisgrenze liegt und das Verhältnis von ^{228}Th zu ^{232}Th ebenfalls im unteren Bereich liegt, wurde hier der frühere Zeitraum (<1965) gewählt. Die Werte für BfN20 liegen etwas höher und deshalb wurde der spätere Zeitraum (>1965) als der wahrscheinlichere gewählt. Das Gleiche gilt für die Probe BfN19. Deshalb wurde hier ebenfalls der spätere Zeitraum (>1965) ausgewählt. Bei den restlichen Proben wurde jeweils der jüngere Zeitraum (<1965) ausgewählt, da die Werte der Verhältnisse von ^{228}Th zu ^{232}Th kleiner sind als 2 und die spezifische Aktivität von ^{228}Th kleiner als die Nachweisgrenze ist bzw. sehr nahe an der Nachweisgrenze liegt. In Tabelle 6.6 sind die gewählten Zeiträume und das bekannte Todesjahr der Proben gegenübergestellt.

Tabelle 6.6.: Vergleich des bekannten Todesjahrs der unabhängig datierten Proben mit dem ermitteltem Todesjahr. Der ermittelte Todeszeitraum berücksichtigt die Bestimmungsunsicherheit bei einem Vertrauensniveau von 95 %

Probenname	bekanntes Todesjahr	ermitteltes Todesjahr	ermittelter Todeszeitraum
BfN3	1906	<1955	<1955 - 1957,2
BfN4	1906	1956,0	<1955 - 1957,4
BfN5	1906	<1955	<1955
BfN15	1953	<1955	<1955 - 1955,9
BfN16	1968	1964,9	1964,3 - 1965,1
BfN17	1962	1962,8	1961,8 - 1963,5
BfN18	1953	<1955	<1955 - 1956,4
BfN19	1978	1977,9	1975,6 - 1980,6
BfN20	1965	1965,0	1964,7 - 1965,7
BfN21	1965	1963,3	1963,3 - 1963,4
BfN23	1988	1986,3	1983,1 - 1990,3
BfN38	2010	2015,1	2004,8 - 2030,1
BfN39	2007	2007,5	1998,7 - 2020,6
BfN40	2007	1997,5	1992,0 - 2005,2
BfN41	1998	1994,6	1989,5 - 2001,6
BfN42	1999	1995,7	1990,4 - 2003,1
BfN44	1997	1993,1	1988,6 - 1999,1
BfN45	1994	1994,0	1989,3 - 2000,3
BfN46	2011	2010,0	2001,1 - 2022,7

Das ermittelte Todesjahr wird in Abbildung 6.6 gegen das bekannte Todesjahr aufgetragen. Dabei muss berücksichtigt werden, dass Todeszeitpunkte von vor 1955 mit dieser Methode prinzipiell nicht erfasst werden können. Deswegen wird für die Proben BfN3, BfN4, BfN5, BfN15 und BfN18 das bekannte Todesjahr auf 1955 hoch gesetzt, damit die Auftragung im Idealfall eine Ursprungsgerade mit der Steigung 1 ergeben kann.

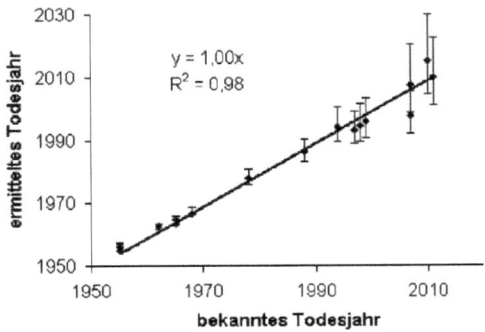

Abbildung 6.6.: Auftragung des bekannten Todesjahrs der unabhängig datierten Proben gegen gegen das ermittelte Todesjahr. Die Unsicherheiten beziehen sich auf ein Vertrauensniveau von 95 %.

Das Diagramm zeigt, dass die bestimmten Todesjahre besonders im Zeitraum von 1955 bis etwa 1990 sehr gut mit den bekannten übereinstimmen. Bei den Proben ab 1980 werden immer größere Abweichungen sichtbar. Die zugehörigen ermittelten Todeszeiträume sind durch die Fehlerbalken im Diagramm dargestellt. Im Bereich von 1955 bis etwa 1980, in dem die Bombenkurve eine relativ große Steigung aufweist, sind die ermittelten Todeszeiträume noch relativ schmal. Ab diesem Zeitpunkt wird die Bombenkurve zunehmend flacher, wodurch sich die immer größer werdenden Todeszeiträume erklären lassen. Die Steigung der Trendlinie entspricht genau dem Wert 1. Das Bestimmtheitsmaß ist mit $R^2=0,98$ ebenfalls recht hoch. Die ermittelten Todeszeitpunkte stimmen also gut mit den bekannten überein.

Damit ist gezeigt, dass der im Stoßzahnstumpf eingelagerte ^{14}C Gehalt im Rahmen der Unsicherheiten zu einer sicheren Bestimmung des Todeszeitraums führt. Die geringen Unsicherheiten der optimierten ^{14}C Analytik ermöglichen für den wichtigen Zeitraum um 1975 die Bestimmung des Todeszeitpunkts mit einer Unsicherheit von ca. ± 2,5 Jahren (95 % Vertrauensniveau). Daraus ergibt sich ein möglicher Todeszeitraum von ca. 5 Jahren.

6.3. Ermittlung des Todeszeitraums von Proben unbekannten Alters

Um die Methode in der Praxis zu testen, wurden einige Analysen von Proben unbekannten Alters durchgeführt. Die Durchführung der ^{14}C Analytik erfolgte für eine Probe nach der optimierten Methode, für die anderen Proben nach der Standardmethode. Zur Ermittlung der Thoriumwerte wurde die gekoppelte Strontium- und Thoriumanalytik verwendet. In Tabelle 6.7 sind die gemessenen ^{14}C Gehalte, die daraus ermittelten möglichen Todeszeiträume (vor und nach 1965), das Verhältnis von ^{228}Th zu ^{232}Th und die spezifische Aktivität von ^{228}Th bezogen auf die eingesetzte Aschenmasse a(^{228}Th) sowie die zugehörige Nachweisgrenze zusammengefasst. Die Zeiträume ergeben sich aus den pMC-Werten mit Hilfe einer Bombenkurve (siehe Kapitel 6.2)

Tabelle 6.7.: Analyseergebnisse von Elfenbeinproben unbekannten Alters. Bei der mit * markierten Probe wurde die ^{14}C Analytik nach dem optimierten Verfahren durchgeführt, die anderen Proben nach der Standardmethode. Die Unsicherheiten für ^{14}C und die Todeszeiträume beziehen sich auf ein Vertrauensniveau von 95 %, die Ergebnisse der Thoriumanalytik auf ein Vertrauensniveau von 68,3 %. Der jeweils wahrscheinlichere Todeszeitraum ist durch dickere Schrift hervorgehoben.

Proben- name	^{14}C Gehalt / pMC	Todeszeitraum < 1965	Todeszeitraum > 1965	^{228}Th/^{232}Th	a(^{228}Th) / mBq/g	NWG / mBq/g
8000020	145,5 ± 6,8	**1963,9 - 1964,0**	1970,0 - 1975,2	1,2 ± 0,2	< NWG	0,05
8000028	145,0 ± 6,9	1963,9 - 1964,0	**1970,2 - 1975,3**	2,5 ± 0,4	0,09 ± 0,02	0,02
8000042	108,6 ± 5,6	**1956,9 - 1959,8**	1991,9 - 2015,2	1,6 ± 0,5	< NWG	0,03
8000044	137,9 ± 6,5	1963,4 - 1963,9	**1973,0 - 1978,4**	6,5 ± 0,8	0,51 ± 0,03	0,03
8000047	99,6 ± 5,3	**<1955 - 1957,5**	1999,1 - 2062,6	2,3 ± 0,5	0,06 ± 0,02	0,04
8000053*	145,0 ± 5,3	1963,9	1970,9 - 1974,7	11,2 ± 2,6	0,16 ± 0,01	0,04

Für Probe 8000020 sprechen der niedrige Wert des Thoriumverhältnisses von 1,2 ± 0,2 und eine spezifische Aktivität von ^{228}Th bezogen auf die Aschenmasse von kleiner Nachweisgrenze für den früheren der beiden Zeiträume, also 1963,9 - 1964,0. Probe 8000028 hat einen ähnlichen ^{14}C Gehalt und damit ähnliche mögliche Todeszeiträume. Der Wert des Thoriumverhältnisses liegt aber leicht höher und auch die spezifische Aktivität von ^{228}Th bezogen auf die Aschenmasse liegt über der Nachweisgrenze. Damit ist der spätere Zeitraum eher wahrscheinlich. Letztendlich spielt die Entscheidung für einen der beiden Zeiträume bei diesen beiden Proben im Bezug auf den Artenschutz keine Rolle, da beide möglichen Zeiträume zur Einordnung "pre-convention" führen. Die beiden möglichen Todeszeiräume der Probe 8000042 liegen relativ weit auseinander. Da das Thoriumverhältnis mit 1,6 ± 0,5 und eine spezifische Aktivität von ^{228}Th bezogen auf die Aschenmasse von kleiner Nachweisgrenze für einen frühen Todeszeitraum spricht, kann der Zeitraum 1999,1 bis 2062,6 ausgeschlossen werden. Damit liegt der wahrscheinliche Todeszeitraum zwischen 1956,9 und 1959,8. Für Probe 8000047 führt die gleiche Argumentation wie für Probe 8000042 zu dem früheren Todeszeitraum von <1955 bis 1957,5 , auch wenn die Thoriumwerte bei dieser Probe etwas höher liegen. Bei Probe 8000044 fiel auf, dass der Wert für ^{230}Th deutlich über dem Blindwert lag. Dies deutet auf eine Thoriumkontamination hin, da bei fast allen analysierten Elfenbeinproben die Werte für ^{230}Th nicht vom Blindwert zu unterscheiden waren. Dies ist die Erklärung für die ebenfalls erhöhten Werte von ^{228}Th und ^{232}Th. Daraus resultiert eine im Verhältnis zu ^{228}Th/^{232}Th relativ hohe spezifische Aktivität von ^{228}Th bezogen auf die Aschenmasse. Beides spricht für den späteren Zeitbereich von 1973,0 bis 1978,4. Bei Probe 8000053 ergibt sich folgendes Problem. Die Thoriumwerte sprechen für einen relativ späten Todeszeitpunkt aufgrund des hohen Wertes von ^{228}Th/^{232}Th und einer spezifischen Aktivität von ^{228}Th deutlich über der Nachweisgrenze. Die ^{14}C Analytik ergibt beide möglichen Zeitbereiche vor 1975. Damit stehen die Ergebnisse direkt im Widerspruch zueinander und es kann keine sichere Angabe zum Todeszeitraum erfolgen.

Um den Aussagen eine zusätzliche Sicherheit zu verleihen bzw. wie im letzten Fall überhaupt eine Entscheidung treffen zu können, bietet sich die zusätzliche Information durch die Bestimmung des ^{90}Sr Gehaltes an. Dieser zusätzliche Parameter wurde von Schmied diskutiert [47]. Beim Vergleich der Proben 8000028 und 8000053 zeigt sich außerdem die verringerte Unsicherheit bei gleichem ^{14}C Gehalt durch die optimierte Methode im Vergleich zur Standardmethode. Die Unsicherheit (Vertrauensniveau 95 %) sinkt von ± 6,9 pMC (8000028) auf ± 5,3 pMC (8000053). Der Zeitraum nach 1965 verringert sich so von 1970,2 - 1975,3 auf 1970,9 - 1974,7. Dies verringert den möglichen Todeszeitraum von 5,1 Jahre auf 3,9 Jahre, was einer Reduzierung von über 20 % entspricht. Dies verdeutlicht den Vorteil der optimierten Methode gegenüber der Standardmethode.

7. Screening auf andere Radionuklide

Einige weitere Radionuklide könnten sich ebenfalls zur Eingrenzung des Todeszeitraums von Elefanten durch Analyse deren Elfenbeins eignen. Allen voran wären die Werte der spezifischen Aktivität für ^{228}Ra in Elfenbein sehr interessant, da diese mit denen von ^{228}Th in Beziehung stehen. Kandlbinder [18] beschreibt in seiner Arbeit die Bestimmung von ^{228}Ra und ^{228}Th in menschlichen Knochen zur Bestimmung des postmortalen Intervalls. Diese Methode sollte auch auf Elfenbein übertragbar sein. Das Problem dabei ist, dass es kaum möglich ist, geringe Aktivitäten von ^{228}Ra in kleinen Probenmassen zu bestimmen. Bei ^{228}Ra handelt es sich nämlich im Gegensatz zu ^{228}Th um einen reinen β^--Strahler [35]. Eine Möglichkeit der Bestimmung ist die γ-Spektrometrie durch die Auswertung einiger Linien von ^{228}Ac, dem Tochternuklide von ^{228}Ra, mit dem es im radioaktiven Gleichgewicht steht. Da aber der Aufwand für eine vernünftige Messung aufgrund von benötigten Kalibrierungen und Blindwerten relativ hoch ist, wurde dies in dieser Arbeit nicht durchgeführt.

Ein weiteres System aus zwei Radionukliden, in deren Verhältnis ebenfalls eine Zeitinformation steckt, besteht aus den Isotopen ^{210}Pb und ^{210}Po. Zu diesem Verhältnis gibt es einige Forschungsarbeiten, die sich ebenfalls mit der Bestimmung des postmortalen Intervalls beschäftigen, z.B von Swift[53]. Dieses System ermöglicht eine Datierung innerhalb von wenigen Jahren nach dem Todeseintritt. Es sollte ebenfalls auf Elfenbein übertragbar sein. Bei beiden Isotopen handelt es sich um natürliche Radionuklide, die Teil der Uran-Radium Reihe sind. ^{210}Pb ($t_{1/2}$=22,2 a) zerfällt über ^{210}Bi ($t_{1/2}$=5,01 d) zu ^{210}Po ($t_{1/2}$=138 d) [35]. Da es sich bei ^{210}Po um ein α-strahlendes Nuklid handelt, ließ sich dessen Bestimmung gut in das restliche Arbeitsprogramm integrieren. Die Bestimmung von ^{210}Pb wurde von Schmied durchgeführt und ist in ihrer Arbeit beschrieben [47].

7.1. Die Bestimmung von ^{210}Po

7.1.1. Ausgangslage

Die Schwierigkeit in der Bestimmung von Polonium liegt vor allem an dessen Flüchtigkeit. Daher führen übliche thermische Probenaufschlüsse zu teilweisem oder komplettem Ausbeuteverlust. Komplexe von Polonium mit verschiedenen organischen Liganden sublimieren bereits zwischen 100 °C und 160 °C. Es gibt aber auch Verbindungen von Polonium, die deutlich weniger flüchtig sind [31]. Daher ist der Verlust von Polonium sehr stark von der Matrix abhängig. In der Literatur [31] finden sich Daten, die den Verlust an ^{210}Po in Karibuknochen und im Muskel eines Rentiers in Abhängigkeit der Temperatur beschreiben. Im Muskel nahm der Verlust an ^{210}Po schon bei Temperaturen über 150 °C deutlich zu, während im Knochen erst ab etwa 250 °C Verluste von über 10 % aufgetreten sind. Die chemische Zusammensetzung des Elfenbeins ähnelt stark der von Knochen, deshalb ist es sehr wahrscheinlich, dass die gefunden Daten gut auf Elfenbein übertragen werden können. Da es sich bei ^{210}Po um einen α-Strahler handelt, erfolgt die Messung per α-Spektrometrie. Die dafür nötige Abtrennung von Störnukliden und die Herstellung eines Dünnschichtpräparats wird in der Literatur [54], [3] beschrieben. Die anorganischen Bestandteile der Probe müssen mit verdünnter Salzsäure in Lösung gebracht werden. Unter geeigneten Bedingungen scheidet sich Polonium dann spontan auf einem Silberplättchen ab und kann so gemessen werden.

7.1.2. Durchführung der Analysen

Die zu analysierenden Elfenbeinproben werden über Nacht bei 200 °C im Muffelofen verascht. Das Elfenbein verfärbt sich dadurch braun und wird spröde. In dieser Form können die veraschten Proben zerkleinert und zu einem feinen Pulver zerrieben werden. Um die Ausbeute zu bestimmen, stand nur eine ^{210}Pb (im Gleichgewicht mit ^{210}Po) Tracerlösung zur Verfügung. Deswegen werden für jede Probe zwei parallele Ansätze gemacht, wobei nur einer der beiden mit dem Tracer (ca. 100 mBq) versetzt wird. Die eingesetzten Probenmassen lagen zwischen 5 g und 10 g. Um die restlichen organischen Bestandteile zu oxidieren, werden die Proben einer Nassveraschung unterzogen. Dazu wird die Probe mit einem Gemisch aus 15 mL konzentrierter Salpetersäure und 12 mL konzentrierter Perchlorsäure versetzt und erwärmt. Die Temperatur der Heizplatte wird auf 150 °C eingestellt und das vollständige Abdampfen der Säuren abgewartet. Dieser Schritt wird so oft wiederholt (4 bis 6 mal), bis der verbleibende

Rückstand orange bis gelb gefärbt ist. Dieser Rückstand wird anschließend in ca. 100 mL 1 M Salzsäure gelöst. Die klare Lösung wird dann mit konzentriertem Ammoniak auf einen pH-Wert von 1,5 eingestellt und diese Lösung mit 0,2 g Ascorbinsäure versetzt. In diese Lösung wird ein Silberplättchen mittels einer Halterung aus Teflon getaucht. Durch die Halterung steht nur eine Seite der Oberfläche des Plättchens mit der Lösung in Kontakt. Die Lösung wird nun unter Rühren auf ca. 80 °C erwärmt. Nach etwa 6 Stunden wird das Plättchen aus der Lösung genommen, mit Wasser und Ethanol gespült und anschließend im α-Spektrometer gemessen.

7.1.3. Auswertung und Ergebnisse

Die Auswertung der Spektren von ^{210}Po erfolgt analog der für die α-Spektren von Thorium beschriebenen Methode unter Verwendung der Fitfunktion 2.3.3 mit den Daten für ^{210}Po. Dessen Hauptlinie liegt bei 5,30 MeV mit einer Emissionswahrscheinlichkeit von nahezu 100 % [35]. Zuerst werden die Daten der Probe mit Tracer ausgewertet. Von den Bruttoimpulsen von ^{210}Po N'$_{Tracer}$(^{210}Po) werden der Nulleffekt N_0 und die durch die Probe verursachten Nettoimpulse von ^{210}Po N_{Probe}(^{210}Po) abgezogen. Letztere werden dem Spektrum der Probe ohne Tracer unter Berücksichtigung des Nulleffekts entnommen. Mit Hilfe der eingesetzten Aktivität A_{Tracer}(^{210}Po) und der Emissionswahrscheinlichkeit für ^{210}Po, Y(^{210}Po), lässt sich dann das Produkt aus chemischem und physikalischem Wirkungsgrad $\eta_{chem} \cdot \eta_{phys}$ nach Gleichung 7.1 berechnen.

$$\eta_{chem} \cdot \eta_{phys} = \frac{N'_{Tracer}(^{210}Po) - N_0 - N_{Probe}(^{210}Po)}{A_{Tracer}(^{210}Po) \cdot Y(^{210}Po)} \quad (7.1)$$

Mit diesem Ergebnis können dann mit den Nettoimpulsen aus dem Spektrum der Probe ohne Tracer N_{Probe}(^{210}Po) und der Messzeit t_m der jeweiligen Probe die spezifische Aktivität für ^{210}Po in der Probe a_{Probe}(^{210}Po) bezogen auf die eingesetzte Masse an Rohelfenbein m(Elfenbein) berechnet werden (Gleichung 7.2). Dabei wird angenommen, dass die Ausbeute für die beiden parallel durchgeführten Versuche und der physikalische Wirkungsgrad der Messung gleich hoch ist.

$$a_{Probe}(^{210}Po) = \frac{1}{\eta_{chem} \cdot \eta_{phys}} \cdot \frac{N_{Probe}}{m(Elfenbein) \cdot Y(^{210}Po) \cdot t_m} \quad (7.2)$$

Die ermittelten spezifischen Aktivitäten a(^{210}Po), die Nachweisgrenzen NWG, und chemischen Ausbeuten sind in Tabelle 7.1 zusammengefasst.

Tabelle 7.1.: Ergebnisse der spezifischen Aktivität von ^{210}Po. Die Unsicherheiten beziehen sich auf ein Vertrauensniveau von 68,3 %.

Probenname	m(Elfenbein) / g	a(^{210}Po) / mBq/g	NWG / mBq/g	Ausbeute
BfN7-R3	9,08	0,46 ± 0,04	0,04	35 %
BfN7-R4	6,41	0,80 ± 0,05	0,03	81 %
BfN7-R6	12,08	0,18 ± 0,03	0,06	8 %

Als Beispiel ist in Abbildung 7.1 das Poloniumspektrum der Probe BfN7-R3 ohne Tracer dargestellt. Der Peak des ^{210}Po sowie die zugehörige Fitfunktion (◊) sind im Spektrum markiert. Die im höherenergetischen Bereich sichtbaren Peaks stammen von Rückstosskernen des ^{229}Th, da das Spektrum in einer der Kammern gemessen worden ist, die sonst nur für Thoriummessungen verwendet werden.

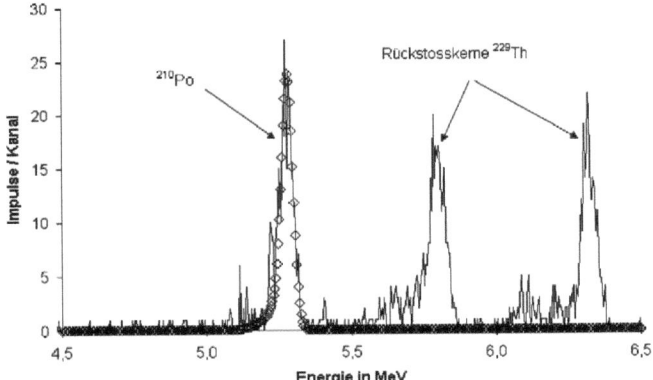

Abbildung 7.1.: α-Spektrum von ^{210}Po aus der Probe BfN7-R3; die durchgezogene Linie entspricht den gemessenen Impulsen, die ◊-Symbole kennzeichnen die Fitfunktion für ^{210}Po.

Mit den von Schmied [47] bestimmten Werten für ^{210}Pb ergeben sich die in Tabelle 7.2 genannten Verhältnisse der spezifischen Aktivitäten von ^{210}Po a(^{210}Po) zu ^{210}Pb a(^{210}Pb). Für Probe BfN7-R6 war die Bildung des Verhältnisses nicht möglich, da das Ergebnis für die Bestimmung von ^{210}Pb kleiner als die Nachweisgrenze ist.

Tabelle 7.2.: Ergebnisse der Verhältnisse der spezifischen Aktivitäten von ^{210}Po zu ^{210}Pb. Die Unsicherheiten beziehen sich auf ein Vertrauensniveau von 95 %.

Probenname	a(^{210}Po)/a(^{210}Pb)
BfN7-R3	0,14 ± 0,05
BfN7-R4	0,18 ± 0,11

Die Halbwertszeiten von ^{210}Pb und ^{210}Po liegen bei ca. 22,2 Jahren bzw. 138 Tagen [35]. Daraus ergibt sich, dass sich schon nach wenigen Jahren ein Gleichgewicht zwischen den beiden Isotopen einstellt. Die ermittelten Verhältnisse für die beiden Proben liegen deutlich unterhalb von eins. Der Stoßzahn stammt aber von einem Tier, dessen Tod vom jetzigen Zeitpunkt aus mindestens 6 Jahre zurückliegt. Somit sollte sich, laut der Theorie, bereits ein Verhältnis von eins eingestellt haben. Mögliche Gründe, warum die Theorie nicht mit den Messergebnissen übereinstimmt, sind die Bestimmungsmethoden für ^{210}Pb und ^{210}Po. Die Analysenvorschrift für ^{210}Pb stammt von Künzel [25], der die Methode an Holzproben angewandt hat. Die Eignung dieser Methode für die Matrix Elfenbein wurde nicht überprüft und muss nicht unbedingt gegeben sein. Die Unsicherheit der Bestimmung von ^{210}Po liegt hauptsächlich an dem Mangel eines geeigneten Ausbeutetracers. Deswegen erfolgte die Durchführung der Analysen mit zwei parallelen Ansätzen je Probe, bei denen eine mit dem Ausbeutetracer ^{210}Po versetzt worden ist. Aufgrund von individuellen Unterschieden ist nicht auszuschließen, dass sich die Ausbeuten der parallelen Ansätze aber trotzdem verschieden sind. Je nachdem wie groß der Unterschied ausfällt, sind deutliche Abweichung des ermittelten Werts vom wahren Wert möglich. Weiterhin wäre es denkbar, dass es bei der Veraschung der Proben bei 200 °C, entgegen der Annahme, doch zu deutlichen Ausbeuteverlusten gekommen ist und die erhaltenen Werte für die spezifische Aktivität von ^{210}Po zu niedrig sind. Für eine genauere Überprüfung der Datierung mittels ^{210}Pb und ^{210}Po müssten die Bestimmungsmethoden zuerst überprüft bzw. validiert werden.

8. Zusammenfassung

Ziel dieser Arbeit ist es einfache, robuste und nachweisstarke Analysemethoden für die Radionuklide ^{14}C, ^{228}Th und ^{232}Th in der Matrix Elfenbein zu optimieren und zu validieren. Die Bestimmung von ^{14}C erfolgt über die "Direkte Absorptionsmethode" und anschließende LSC Messung. Zuerst muss das Elfenbein verbrannt werden. Der darin enthaltene Kohlenstoff wird dabei als Kohlenstoffdioxid aus der Matrix freigesetzt und in Natronlauge absorbiert. Daraus kann der Kohlenstoff in Form von Calciumcarbonat durch Zugabe von Calciumchlorid ausgefällt werden. Aus dem isolierten Niederschlag wird anschließend erneut Kohlenstoffdioxid durch Zugabe von Säure freigesetzt. Nach Reinigung wird es von einem speziellen Szintillationscocktail, Oxysolve C-400, absorbiert. Anhand der Gewichtszunahme des Cocktails kann die gespeicherte Menge an Kohlenstoffdioxid und damit auch die Menge an Kohlenstoff errechnet werden. Aus der anschließenden LSC Messung ergibt sich die Zählrate. Die wird auf die im LSC Vial gespeicherte Menge an Kohlenstoff bezogen. Damit erhält man die Zählrate normiert auf die absorbierte Masse an Kohlenstoff. Diese Größe wird mit der eines ^{14}C Standards in Bezug gesetzt und man erhält die relative spezifische Aktivität in der Einheit percent modern carbon (pMC). Die optimierte Methode liefert Ergebnisse mit einer Präzision von etwa ± 4 % bei einem Vertrauensniveau von 95 %. Die Richtigkeit der Ergebnisse wurde anhand der Analyse eines zertifizierten Standards überprüft. Die ermittelten Ergebnisse waren im Rahmen der Bestimmungsunsicherheiten mit dem angegebenem Wert identisch.

Die Optimierung der Thoriumanalytik hatte das Ziel die Ausbeute zu erhöhen. Die bisherige Analysenvorschrift beinhaltet eine säulenchromatographische Aufkonzentrierung von Thorium, gefolgt von einem säulenchromatographischen Reinigungsschritt. Die Herstellung des Dünnschichtpräparats zur α-spektrometrischen Messung erfolgt über Elektroplattierung. Um die Konzentration an Thorium während den einzelnen Analyseschritten verfolgen zu können, wurde sowohl die Photometrie als auch die ICP-OES auf ihre Eigenschaften zur Detektion von Thorium in den verschiedenen Lösungen getestet. Dabei zeigte sich die ICP-OES als die robustere, nachweisstärkere Methode. Mit dieser wurden dann die einzelnen Teilschritte der bestehenden Thoriumanalytik getestet. Nur in einem Schritt zeigten sich größere Ausbeuteverluste. Durch Anpassung des Elutionsvolumens konnte dies verhindert werden. Weiterhin wurde die Aktivität des Ausbeutetracers ^{229}Th überprüft. Daraus ergab sich eine nun praktisch quantitativ arbeitende Thoriumbestimmung. Die Thoriumbestimmung wurde ebenfalls mittels eines unabhängig zertifizierten Standards validiert. Das Ergebnis ist, dass die Thoriumbestimmung richtige und präzise Ergebnisse innerhalb der angegebenen Unsicherheiten liefert.

Die Kenntnis des ^{14}C Gehalts und des Verhältnisses an ^{228}Th zu ^{232}Th in Elfenbein kann zur Ermittlung des möglichen Todeszeitraums von Elefanten genutzt werden. Der bestimmte ^{14}C Gehalt wird mit dem aus einer Bombenkurve verglichen. Diese repräsentiert den ^{14}C Gehalt in der Biosphäre in Abhängigkeit der Jahreszahl. Aufgrund der Kurvenform können dem ^{14}C Gehalt einer Probe meist zwei mögliche Zeiträume zugeordnet werden. Um aus den beiden Zeiträumen den wahrscheinlicheren auszuwählen, wird das Verhältnis aus ^{228}Th zu ^{232}Th verwendet. Gemäß der Theorie liegt dieses Verhältnis bei eins, wenn der Tod ca. 60 Jahre zurückliegt. Ist es deutlich größer als eins, ist der Tod erst vor kurzer Zeit eingetreten. In 19 unabhängig datierten Proben wurden die genannten Nuklide bestimmt und die daraus resultierenden Todeszeiträume ermittelt. Die aus den ^{14}C-Werten ermittelten Todeszeiträume stimmen sehr gut mit den angegebenen überein. Bei Thorium konnte die Tendenz der Theorie gefunden werden, allerdings zeigen sich größere Abweichungen des Verhältnisses von ^{228}Th zu ^{232}Th auch bei Proben von ähnlichem Alter.

Der Test der Methode an 5 Proben unbekannten Alters führte in 4 Fällen zu einem konkreten Ergebnis. In einem Fall widersprechen sich die Ergebnisse der ^{14}C- und der Thoriumanalyse, so dass ohne weitere Informationen keine Aussage möglich ist.

Weiterhin gibt es auch noch andere Nuklide, die eine Datierung von Elfenbein ermöglichen könnten. Zum einen wären die Werte der spezifischen Aktivität von ^{228}Ra in Elfenbein in diesem Zusammenhang interessant. Aber auch das Verhältnis von ^{210}Po und ^{210}Pb in Elfenbein könnte eine Aussage über den Todeszeitpunkt eines Elefanten ermöglichen, wobei die erhaltenen Ergebnisse noch keinen Rückschluss auf die Eignung dieser Methode geben.

Anhang A.

Publikationen

1. Schmied, S.A.K., Brunnermeier, M.J., Schupfner, R., Wolfbeis, O.S., 2011. Age assessment of ivory by analysis of ^{14}C and ^{90}Sr whether there is an antique on hand. Foren Sci Int 207(1-3) e1-e4.

2. Brunnermeier, M.J., Schmied, S.A.K., Müller-Boge, M., Schupfner, R. Dating of ivory from the 20th century by determination of ^{14}C by the direct absorption method. App Rad Iso, in press.

3. Brunnermeier, M.J., Schmied, S.A.K., Schupfner, R. Distribution of ^{14}C, ^{90}Sr and ^{228}Th in an elephant tusk. J Rad Nuc Chem, in press.

4. Schmied, S.A.K., Brunnermeier M.J., Schupfner, R., Wolfbeis, O.S. Dating ivory by determination of ^{14}C, ^{90}Sr and $^{228/232}$Th. Foren Sci Int, accepted 2012.

Anhang B.

Chemikalienliste

Chemikalie	Bezeichnung, Hersteller
Silbernitrat	Silbernitrat > 99,9 %, Roth
Calciumchlorid	Calciumchlorid > 95 % wasserfrei, Roth
Calciumchlorid-dihydrat	Calciumchlorid-dihydrat puriss., Riedel-de Haën
Calciumcarbonat	Calciumcarbonat puriss., Riedel-de Haën
Aluminiumnitrat	Aluminiumnitrat-nonahydrat p.a., Merck
Trioctylphosphinoxid	Trioctylphosphinoxid zur Synth., Merck
Cyclohexan	Cyclohexan p.a., Merck
Chromosorb	Chromosorb W/AW-DMCS, Sigma-Aldrich Chemie GmbH
TEVA	TEVA resin, Eichrom
Salzsäure	Salzsäure 32 % p.a., Merck
Salpetersäure	Salpetersäure 65 % p.a., Merck
Schwefelsäure	Schwefelsäure > 98 % p.a., Merck
Ammoniak	Ammoniak 25 % p.a., Merck
Natriumhydroxid	Natriumhydroxid Plätzchen p.a., Merck
Ammoniumchlorid	Ammoniumchlorid p.a., Merck
Sauerstoff	Sauerstoff 4.3, Linde AG
Stickstoff	Stickstoff 5.0, Linde AG
Oxysolve C-400	Oxysolve C-400, Zinsser Analytics
Kupferoxid	Kupfer(II)oxid, Merck
Pt-Katalysator	Pt-/Aluminiumoxid(5% Pt) Hydrierkatalysator zur Synth., Merck
Mischindikator 5	Mischindikator 5, Merck KGAA

Anhang C.

Geräte und Verbrauchsmaterial

Geräte	Modell, Hersteller
Flüssigszintillationsspektrometer	Quantulus 1220, LKB Wallac
α Spektrometer	Octête Kammern, EG & G Ortec
	Detektor: ionenimplantierte Siliciumdetektoren, aktive Oberfläche: 1200 mm^2
γ Spektrometer	GEM, EG & G Ortec
	Detektor: reinst Germanium Detektor; Typ: koaxial aktives Volumen: 250 mm^3; Betriebsspannung: + 2500 V
Klapprohrofen	ASP 11/70/250, Protherm
Klapprohrofen	HST 12/400, Carbolite
Trockenschrank	T04, Memmert
ICP - OES	Spektroflame, Spectro Analytical Instruments GmbH
UV/VIS Spektralphotometer	Cary 50, Varian

Verbrauchsmaterial	Modell, Hersteller
Einweg-Teflonmanschette	Schliffmanschette, Einweg, Material: PTFE, Merck KGAA
pH Indikatorstäbchen pH 7,5-14	Alkalit, nicht blutend, Merck KGAA
pH Indikatorstäbchen pH 0-2,5	Spezialindikator pH 0-2,5 , nicht blutend, Merck KGAA
pH Indikatorstäbchen pH 0-14	Universalindikator pH 0-14, nicht blutend, Merck KGAA
Filterpapier	Whatman 40, Schleicher & Schuell
PP Säule 6 mL	ISOLUTE Reservoir 6 mL Typ C, Biotage
PP Säule 3 mL	ISOLUTE Reservoir 3 mL Typ B, Biotage
Fritte für 6 mL PE Säule	ISOLUTE Frit Typ C, Biotage
Fritte für 3 mL PE Säule	ISOLUTE Frit Typ B, Biotage
LSC Vials	Polyvials, Volumen 20 mL, Zinsser Analytics
Edelstahlplättchen	Edelstahlplättchen, mechan. Werkstatt Biologie, Universität Regensburg

Anhang D.

Danksagung

An erster Stelle möchte ich Herrn Dr. R. Schupfner für die interessante Themenstellung, die engagierte Betreuung, die interessanten Diskussionen und die wertvollen Ratschläge danken. Zusätzlich möchte ich mich für die Durchsicht der Arbeit bedanken.

Der nächste Dank gilt dem Erstgutachter, Herrn Prof. Dr. O. Wolfbeis. Auch für die stets zügige Durchsicht der Publikationsentwürfe möchte ich mich an dieser Stelle bedanken.

Ein weiterer Dank geht an Herrn Prof. Dr. F.-M. Matysik für die Erstellung des Zweitgutachtens.

Herrn Prof. Dr. N. Korber danke ich für die Bereiterklärung als Drittprüfer.

Weiterhin danke ich Prof. Dr. W. Kunz für die Übernahme des Prüfungsvorsitzes.

Ich danke dem Bundesamt für Naturschutz für die Unterstützung des Projekts mit Finanzmitteln aus dem Bundesministerium für Umwelt, Naturschutz und Reaktorsicherheit und für die

Zusendung von einigen Elfenbeinproben. Außerdem danke ich Burkina Faso und den zuständigen CITES-Behörden in Südafrika für die Zusendung von weiteren Elfenbeinproben.

Ein besonderer Dank gilt allen Mitarbeitern/innen des UmweltRadioAktivität Labors der Universität Regensburg. Das freundliche und hilfsbereite Miteinander führte zu einer sehr angenehmen und produktiven Arbeitsatmosphäre.

Zuletzt noch ein großes Dankeschön an meine Familie und meine Freundin, für die Unterstützung und Rücksicht während dem gesamtem Zeitraum in dem diese Arbeit entstanden ist. Meine Eltern haben mir durch ihre Unterstützung während der Schulzeit und dem Studium die Promotion überhaupt erst ermöglicht. Meinen beiden Schwestern und meiner Mutter danke ich zusätzlich für die Durchsicht meiner Arbeit.

Anhang E.

Literaturverzeichnis

[1] Arslanov, K.H.A., Tertychnaya, T.V., Chernov, S.B. Problems and methods of dating low-activity samples by liquid scintillation counting. *Radiocarbon*, 35(3):393–398, 1993.

[2] Borák, J., Slovák, Z., Fischer, J. Verwendung mäßig dissoziierter Komplexe bei spektralphotometrischen Bestimmungen - II. *Talanta*, 17:215–229, 1970.

[3] Bradley, E. J. The distribution of ^{210}Po in human bone. *Sci tot Environ*, 130/131:85–93, 1993.

[4] Brunnermeier, M.J. Development and validation of a method for determination of ^{14}C of bone tissue and raw materials. Master's thesis, Universität Regensburg, 2008.

[5] Cammann, K. *Instrumentelle Analytische Chemie*. Spektrum, 2000.

[6] Denkl, C., Hornig, K., Bundesamt für Naturschutz, schriftliche Mitteilung per Email am 22.02.2012.

[7] Eichrom, www.eichrom.com. *TEVA Resin Datenblatt*, 2010.

[8] Elder, W.H. Morphometry of elephant tusks. *Zoo Afr*, 5(1):143–159, 1970.

[9] GESTIS Stoffdatenbank, Institut für Arbeitsschutz der deutschen gesetzlichen Unfallversicherung; http://www.dguv.de/ifa/de/gestis/stoffdb/index.jsp; Dezember 2011. Stoffdatenblatt zu Natriumhydrogencarbonat.

[10] GESTIS Stoffdatenbank, Institut für Arbeitsschutz der deutschen gesetzlichen Unfallversicherung; http://www.dguv.de/ifa/de/gestis/stoffdb/index.jsp; Dezember 2011. Stoffdatenblatt zu Oxalsäure.

[11] Geyh, M.A. Bomb radiocarbon dating of animal tissues and hair. *Radiocarbon*, 43(2B):723–730, 2001.

[12] Götz, C. Radiocarbondatierung jüngerer Geweih- und Knochenproben von Rehen. Bericht zum Forschungspraktikum, Universität Regensburg. 2011.

[13] Guagang, J., Torri, G., Ocone, R., Di Lullo, A., De Angelis, A., Boschetto, R. Determination of thorium isotopes in mineral and environmental water and soil samples by α-spectrometry and the fate of thorium in water. *Appl Rad Iso*, 66:1478–1487, 2008.

[14] Holmes, L. Determination of thorium by ICP-MS and ICP-OES. *Rad Prot Dos*, 97(2):117–122, 2001.

[15] Horwitz, E. P., Dietz, M. L., Chiarizia, R., Diamond, H., Maxwell, III, S. L., Nelson, M. R. Separation and preconcentration of actinides by extraction chromatography using a supported liquid anion exchanger: application to the characterization of high-level nuclear waste solutions. *Anal Chim Acta*, 310:63–78, 1995.

[16] Hua, Q., Berbetti, M. Review of tropospheric bomb ^{14}C data for carbon cycle modeling and age calibration purposes. *Radiocarbon*, 46(3):1273–1298, 2004.

[17] Hua, Q., Berbetti, M., Zoppi, U., Chapman, D.M., Thomson, B. Bomb radiocarbon in tree rings from northern New South Wales, Australia: Implications for dendrochronology, atmospheric transport, and air-sea exchange of CO_2. *Radiocarbon*, 45(3):431–447, 2003.

[18] Kandlbinder, R. *Bestimmung des Verhältnisses von ^{228}Th zu ^{228}Ra in menschlichen Knochen zur Datierung des postmortalen Intervalls*. PhD thesis, Universität Regensburg, 2010.

[19] Kandlbinder, R., Geißler, V., Schupfner, R., Wolfbeis, O., Zinka, B. Analysing of ^{228}Th, ^{232}Th, ^{228}Ra in human bone tissues for the purpose of determining the post mortal interval. *J Rad Nuc Chem*, 280(1):113–119, 2009.

[20] Kawamura, H., Kofuji, H., Gasa, S., Kamamoto, M., Sawafuji, N., Mori, M. ^{14}C measurements of tree rings of a Japanese cedar during 1945 to 2000 and core sampling for environmental studies. *Radiocarbon*, 49(2):1045–1053, 2007.

[21] Keil, R. Hochselektive spektralphotometrische Bestimmung von Thorium mit Arsenazo III nach Extraktion mit N-Butylanilin in Chloroform. *Z Anal Chem*, 286:54–58, 1977.

[22] Kellner, R., Mermet, J.-M., Otto, M., Valcarcel, M., Widmer, H.M. *Analytical Chemistry*. Wiley-VCH, 2004.

[23] Kerntechnischer Ausschuss (KTA), Sicherheitstechnische Regel des KTA, KTA 1504, Fassung 6/93.

[24] Kluge, S. *Messung von Thorium mit Hilfe der alphaspektrometrischen Isotopenverdünnungsanalyse nach extraktionschromatographischer Abtrennung von der Probenmatrix*. PhD thesis, Universität Regensburg, 1997.

[25] Künzel, K.-O. Verteilung von Blei-210 / Polonium-210 im Stammholz einer Fichte, Naßveraschung, Analytik und Messtechnik. Master's thesis, Universität Regensburg, 1994.

[26] Lafrenz, K.A. Tracing the source of the elephant and hippopotamus ivory from the 14th century B.C. Uluburun Shipwreck: The archaeological, historical and isotopic evidence. Master's thesis, Department of Anthropology, College of Arts and Sciences, University of South Florida, 2003. (http://scholarcommons.usf.edu/etd/1122/ ; November 2011).

[27] le Clercq, M., van der Plicht, J., Groening, M. New ^{14}C materials with activities of 15 and 50 pMC. *Radiocarbon*, 40(1):295–297, 1998.

[28] Leene, H. R., de Vries, G., Brinkman, U. A. Th. Reversed phase extraction chromatography using solutions of nitric acid as eluants. *J Chromat*, 80:221–232, 1973.

[29] Levin, I., Hammer, S., Kromer, B., Meinhardt, F. Radiocarbon observations in atmospheric CO_2: Determining fossil fuel CO_2 over Europe using Jungfraujoch observations as background. *Sci Tot Environ*, 391:211–216, 2008.

[30] Lieser, K.H. *Nuclear and Radiochemistry - Fundamentals and Applications*. WILEY-VCH, 2001.

[31] Martin, A., Blanchard, R., L. The thermal volatilisation of caesium-137, polonium-210 and lead-210 from in vivo labelled samples. *Analyst*, 94:441–446, 1969.

[32] Mestres, J.S., Garcia, J.F., Rauret, G. The radiocarbon laboratory at the university of Barcelona. *Radiocarbon*, 33(1):23–34, 1991.

[33] Müller-Boge, M., Referatsleiter Rechtsangelegenheiten Artenschutzvollzug des BfN, schriftliche Mitteilung per Email am 05.08.2011.

[34] National Institute of Standards and Technology. *Certificate, Standard Reference Material 4356*, January 2000.

[35] National Nuclear Data Center. http://www.nndc.bnl.gov; 1.12.2011.

[36] Nydal, R. Increase in radiocarbon from the most recent series of thermonuclear tests. *Nature*, 200:212–214, 1963.

[37] PerkinElmer, Instrument Manual. *Wallac 1220 Quantulus^{tm} - Ultra Low Level Liquid Scintillation Spectrometer*, September 2002.

[38] Pfeiffer, K., Rank, D., Tschurlovits, M. A method for counting ^{14}C as $CaCO_3$ in a liquid scintillator with improved precision. *Int Appl Rad Iso*, 32:665–667, 1981.

[39] Pilgram, T., Western, D. Inferring the sex and age of African elephants from tusk measurements. *Biol Conserv*, 36:39–52, 1986.

[40] Pissinatto, L., Martinelli, L. A., Victoria, R. L., de Camargo, P. B. Stable carbon isotopic analysis and the botanical origin of ethanol in Brazilian brandies. *Food Res Int*, 32:665–668, 1999.

[41] Quarta, Q., D'Elia, M., Calcagnile, L. New bomb pulse radiocarbon records from annual tree rings in the northern hemisphere temperate region. *Radiocarbon*, 1(1):27–30, 2005.

[42] Qureshi, R.M., Aravena, R., Fritz, P., Drimmie, R. The CO_2 absorption method as an alternative to benzene synthesis method for ^{14}C dating. *App Geochem*, 4:625–633, 1989.

[43] Qureshi, R.M., Fritz, P., Drimmie, R.J. The use of CO_2 absorbers for the determination of specific ^{14}C activities. *Int J Appl Rad Iso*, 36(2):165–170, 1985.

[44] Raubenheimer, E.J. Morphological aspects and composition of African elephant (Loxodonta africana) ivory. *Koedoe*, 42(2):57–64, 1999.

[45] Raubenheimer, E.J., van Heerden, W.F.P., van Niekerk, P.J., de Vos, V., Tuner, M.J. Morphology of the deciduous tusk (tush) of the African elephant (Loxodonta africana). *Oral Biol*, 40(6):571–576, 1995.

[46] Rozanski, K., Stichler, W., Gonfiantini, R., Scott, E., M., Beukens, R.P., Kromer, B., van der Plicht, J. The IAEA ^{14}C intercomparison exercise 1990. *Radiocarbon*, 34(3):506–519, 1992.

[47] Schmied, S.A.K. *Entwicklung und Validierung einer Analysenmethode zur Bestimmung von ^{90}Sr im Rahmen der Datierung von Elfenbein mittles der Radionuklide ^{14}C, ^{90}Sr und $^{228/232}$Th*. PhD thesis, Universität Regensburg, 2012.

[48] Schupfner, R. Excel Arbeitsblatt zur Auswertung von α-Spektren. Universität Regensburg, 2011.

[49] Schupfner, R. Skript zur Vorlesung *Qualitätssicherung in der Instrumentellen Analytik*, 2007, Universität Regensburg.

[50] Stangl, M. Altersbestimmung von Tierfellen und Papier durch Bestimmung des ^{14}C-Wertes. Master's thesis, Universität Regensburg, 2010.

[51] Strahlenschutzanweisung für die Universität Regensburg, Bereich: Fakultät - Chemie/Pharmazie, zentrales Radionuklidlaboratorium (ZRN), aktualisiert von Schupfner, R. 2011.

[52] Stuiver, M., Polach, H.A. Reporting ^{14}C data. *Radiocarbon*, 19(3):355–363, 1977.

[53] Swift, B. Dating human skeletal remains: Investigation the viability of measuring the equilibrium between ^{210}Po and ^{210}Pb as a means of estimating the post-mortem interval. *Foren Sci Int*, 98:119–126, 1998.

[54] Takizawa, Y., Zhao, L., Yamamoto, M., Abe, T., Ueno, K. Determination of ^{210}Pb and ^{210}Po in human tissues of Japanese. *J Rad Nuc Chem*, 138(1):145–152, 1990.

[55] Tamers, M.A. Chemical yield optimization of the benzene synthesis for radiocarbon dating. *Int J Appl Rad Iso*, 26:676–682, 1975.

[56] Taylor, R.E., Long, A.A., Kra, R.S. *Radiocarbon After Four Decades: An Interdisciplinary Perspective*. Springer-Verlag, 1992.

[57] Taylor, R.E., Suchey, J.M., Payen, L.A., Slota, P.J. The use of radiocarbon (^{14}C) to identify human skeletal materials of forensic science interest. *J Foren Sci*, 34:1196–1205, 1989.

[58] Ubelaker, D.H., Buchholz, B.A. Complexities in the use of bomb-curve radiocarbon to determine time since death of human skeletal remains. *Foren Sci Comm*, 6(2), 2006.

[59] United Nations Scientific Commitee on the Effects of Atomic Radiation. United Nations, Ionizing Radiation: Sources and biological effects. Report of the gerneral assembly, with annexes, United Nations Sales Publication, New York, 1993.

[60] van der Merwe, N.J., Lee-Thorp, J.A., Thackeray, J.F., Hall-Martin, A., Kruger, F.J., Coetzee, H., Bell, R.H.V., Lindeque, M. Source-area determination of elephant ivory by isotopic analysis. *Nature*, 346:744–746, 1990.

[61] Veith, H.-M. *Strahlenschutzverordnung. Neufassung 2001. Textausgabe mit einer erläuternden Einführung. 6., völlig neu bearbeitete Auflage*. Bundesanzeiger, 2001.

[62] Vita-Finzi, C., Leaney, F. The direct absorption method of ^{14}C assay - historical perspective and future potential. *Quat Sci Rev*, 25:1073–1079, 2006.

[63] Vogel, J.C., Eglington, B., Auret, J.M. Isotope fingerprints in elephant bone and ivory. *Nature*, 346:747–749, 1990.

[64] Wakabayashi, G., Ohura, H., Okai, T., Matoba, M., Nohtomi, A., Kakiuchi, H., Momoshima, N., Kawamura, H. Simple measurement of ^{14}C in the environment using a gel suspension method. *J Rad Nuc Chem*, 239(3):639–642, 1999.

[65] Weissengruber, G.E., Egerbacher, M., Forstenpointner, G. Structure and innervation of the pulp in the African elephant (Loxodonta africana). *J Anat*, 206:387–393, 2005.

[66] Wiberg, N., Wiberg, E., Hollman, A.F. *Lehrbuch der Anorganischen Chemie*, volume 101. Auflage. Walter de Gruyter, 1995.

[67] Woo, H.J., Chum, S.K., Cho, S.Y., Kim, Y.S., Kang, D.W., Kim, E.H. Optimization of liquid scintillation counting techniques for the determination of carbon-14 environmental samples. *J Rad Nuc Chem*, 239(3):649–655, 1999.

[68] www.cites.org.

[69] Ziegler, S., Reifenstein, V., Simon, B. Auf den Zahn gefühlt - Handel und Kunst mit Elfenbein. Technical report, WWF Deutschland, Frankfurt am Main; Deutsches Elfenbeinmuseum Ehrbach, September 2008.

[70] Zinsser Analytic; www.zinsser-analytic.com. Datenblatt zu Oxysolve C-400.

i want morebooks!

Buy your books fast and straightforward online - at one of world's fastest growing online book stores! Environmentally sound due to Print-on-Demand technologies.

Buy your books online at
www.get-morebooks.com

Kaufen Sie Ihre Bücher schnell und unkompliziert online – auf einer der am schnellsten wachsenden Buchhandelsplattformen weltweit! Dank Print-On-Demand umwelt- und ressourcenschonend produziert.

Bücher schneller online kaufen
www.morebooks.de

VDM Verlagsservicegesellschaft mbH
Heinrich-Böcking-Str. 6-8
D - 66121 Saarbrücken

Telefon: +49 681 3720 174
Telefax: +49 681 3720 1749

info@vdm-vsg.de
www.vdm-vsg.de

Printed by Books on Demand GmbH, Norderstedt / Germany